高等职业教育计算机类课程改革创新教材

修订版

人工智能技术导论

吴海波　郭外萍　主编

刘志成　主审

科学出版社

北　京

内 容 简 介

本书首先带领读者体验身边的人工智能技术应用，使读者初步了解人工智能，然后引领读者认识人工智能关键技术及应用，并使用手机 APP 实际操作不同领域（如设备管理的设备点检与维修上报，智慧出行方案规划，微信出行服务，"微脉"医疗服务，Kimi 论文大纲生成，讯飞星火的语音交互与视频脚本生成、DeepSeek 的职业规划、文小言的专业规划、豆包的图像生成等）中人工智能的应用，以加深对人工智能知识的理解，最后引导读者畅想人工智能的未来。本书的主要内容包括认识与体验身边的人工智能技术应用、初识人工智能、初探知识工程、揭秘智慧搜索、初见机器学习、探查计算机视觉、聆听智能语音、畅想人工智能的未来 8 个循序渐进的项目，采用项目导向、任务驱动、理实结合的教学模式。

本书可以作为新时代职业院校人工智能通识教育基础教材和人工智能爱好者的启蒙教材，也适合作为人工智能科普读物。

图书在版编目（CIP）数据

人工智能技术导论/吴海波，郭外萍主编. —北京：科学出版社，2023.2
ISBN 978-7-03-074557-6

Ⅰ.①人… Ⅱ.①吴…②郭… Ⅲ.①人工智能-教材 Ⅳ.①TP18

中国国家版本馆 CIP 数据核字（2023）第 005170 号

责任编辑：孙露露 / 责任校对：赵丽杰
责任印制：吕春珉 / 封面设计：东方人华平面设计部

科 学 出 版 社 出版
北京东黄城根北街 16 号
邮政编码：100717
http://www.sciencep.com

三河市骏杰印刷有限公司印刷
科学出版社发行　各地新华书店经销
*

2023 年 2 月第 一 版　　开本：787×1092 1/16
2024 年 12 月修 订 版　　印张：15 1/2
2024 年 12 月第四次印刷　字数：345 00
定价：49.80 元
（如有印装质量问题，我社负责调换）

销售部电话 010-62136230　编辑部电话 010-62138978-2010

随着新一代信息技术的迅猛发展，人工智能（artificial intelligence，AI）已深度融入人们生活的各个领域。从"AI+医疗""AI+出行""AI+制造""AI+物流""AI+商业""AI+金融""AI+教育"到"AI+影视"等，各种应用场景层出不穷。无论是智能语音助手"小爱同学"，还是刷掌支付、多模态生物识别（如指纹、虹膜、语音等），亦或是智能送餐机器人、养老机器人、机器人管家，人工智能正悄然改变着我们的生活方式，成为现代社会不可或缺的一部分。这种广泛的应用不仅改变了我们的生活，也为社会经济发展带来了新的机遇和挑战，尤其是在产业升级和人才培养方面。

随着我国产业结构转型升级，传统行业借助人工智能等信息技术加速转型，企业对"AI+岗位技能"的复合型人才需求迫切。例如，制造行业的智能工厂需要既懂得传统制造又熟悉 AI 技术的工程师；物流行业的智能仓储管理则需要掌握数据分析和自动化操作的复合型人才。这表明，职业院校学生不仅要掌握传统职业技能，更要积极学习人工智能技术，这既是个人职业发展的需要，也是助力产业升级的关键。

一、校企携手，共探人工智能教育新路径

从 2020 年开始，教育界的有识之士就开始了关于人工智能技术与职业教育融通的思考与探索。通过开设人工智能通识课程，职业院校不仅可以推动学生了解人工智能知识，激发学生学习人工智能的兴趣，培养学生在人工智能领域的实践创新能力，还能引导学生结合自己的专业去思考和理解人工智能技术及应用场景，为适应新时代、拥抱新型职业岗位打下良好的基础。

人工智能作为一种新兴前沿技术，如何有效地引入职业院校课堂并让学生乐于接受，是当前教育领域的重要课题。为此，本书编写团队与企业深度合作，共同探讨人工智能人才培养、产教融合等议题，并在共建人工智能通识课程方面达成共识。企业代表与本书编写团队携手深入调研了智慧医疗、智能出行、智能制造、智慧农业、智慧商业等领域的应用场景，结合职业院校学生的认知规律及职业教育的痛点难点，精心设计了一系列与学生生活、学习、工作场景紧密相关的教学项目，并将思政点、知识点、技能点融入其中，既能吸引学生兴趣，又能引发共鸣，激发学习热情。同时，每个项目还配套设计了智能 APP、大模型的应用实操，帮助学生更好地理解人工智能知识，提升人工智能应用技能，让他们能够将理论知识转化为实际能力。这种校企合作模式，使得课程设置更加贴近企业实际需求，从而为企业培养更多高素质技术技能人才。

二、教材编写特色

1. 落实立德树人根本任务，融入思政元素，培养科学创新与职业素养

本书以习近平新时代中国特色社会主义思想为指导，坚持"为党育人、为国育才"的原则。紧扣人工智能应用主题，精选思政元素，融入家国情怀、责任担当、科学创新、匠心精神、传承创新和职业素养的培养，贯穿教材内容，全方位塑造学生的综合素养。

1）"天问一号"中的 AI 应用：引入"天问一号"成功登陆火星、自主导航以及计算机视觉助力科学探索等案例，将人工智能与科学探索紧密结合，引导学生进行科学探索创新。

2）传统文化传承中的 AI 应用：引入人工智能修复敦煌壁画、智能语音说方言等案例，引导学生为中华文化的传承保驾护航。

通过思政元素与教学内容的有机结合，实现潜移默化的育人效果，培养学生的职业精神、工匠精神和创新意识。

2. "务实创新，循序渐进"：教材内容的设计与学生专业场景和生活工作场景融合

1）基于认知规律，循序渐进地设计教学内容。教学内容和项目的设计从学生对人工智能的初步认识与体验开始，逐步过渡到对人工智能知识的初步了解、关键技术（知识工程与知识图谱、智慧搜索、机器学习与深度学习、计算机视觉、智慧语音）的深入分析，最后畅想人工智能的未来。这种由简单到复杂、由浅入深、由点及面的设计思路，契合职业院校学生的认知规律，符合职业教育的教学要求。同时，教学内容注重情境化和案例化设计，将复杂的定义、概念和术语通俗化、图形化，有效降低学生的学习难度。

2）多元专业视角下的内容适配：人工智能技术与专业、行业应用的深度融合。教材选取智慧医疗、智能出行、智能制造、智慧农业、智慧商业等领域的应用场景，涵盖不同专业背景学生的需求。将人工智能技术与行业应用紧密结合，帮助学生了解未来产业格局变化及布局方向，使他们能够结合产业结构转型升级，思考自己未来的岗位变化及职业岗位能力要求。

3）专业场景与生活场景融合，提升人工智能技术应用契合度。"案例鉴赏"中的教学案例和"训练实操"中的任务均与学生的专业场景和生活场景紧密结合，力求使难点和重点知识变得生活化，方便学生将人工智能技术应用到工作、学习和生活中，激发学习兴趣，培养专业技能与职业素养。如使用"设备管理"APP 完成设备点检与维修上报、Kimi 论文大纲生成、讯飞星火语音交互及视频脚本生成、"文小言"专业规划、DeepSeek 职业规划等。

3. "项目导向、任务驱动、思政融合"，"学中做、做中学"的编写模式

本书采用"项目导向、任务驱动"的编写方式，每个项目按照"项目描述、知识准备、项目实施、思政苑"的结构展开。"项目实施"分为"案例鉴赏"和"训练实操"两个部分。

1）知识准备：学生在此环节学习理论知识，为后续实践打下基础。

2）案例鉴赏：通过具体案例，学生理解理论知识在实际中的应用，加深对知识点的理解。

3）训练实操：学生通过实际操作，将理论知识转化为实践技能，提升动手能力。学生在实践中学习，在学习中实践，可以有效避免学习过程中的畏难情绪，提高学习兴趣，增强学习效果。

4）思政苑：融入思政元素，培养科学探索、科学创新、责任担当、匠心精神、文化传承意识等素养。

4. 信息化教学资源丰富，适应"互联网+职业教育"发展需求

本书配套微课视频、教学课件、教学设计、课程标准等教学资源，为师生营造良好的线上线下学习环境，便于提高学习者的学习兴趣和学习效果。微课视频可扫描二维码观看，其他教学资源可到网站（www.abook.cn）下载或联系编辑邮箱（360603935@qq.com）索取。

本书由湖南铁道职业技术学院吴海波和郭外萍主编，参与编写人员有湖南铁道职业技术学院秦金、高赢、周剑、谢云高、吴家仪、程翔、张霞和湖南光华防务科技集团有限公司陈立民。湖南铁道职业技术学院刘志成教授对本书进行了审核。

本书是配合新的教学模式的初步探索，需要紧跟人工智能技术发展，实时补充、完善知识内容及应用场景，会通过一个动态调整的过程来不断完善和提高，且由于编者水平有限，书中难免存在不足之处，恳请广大读者批评指正。

本书是针对新的教学模式进行的初步探索，能够做到紧跟人工智能技术的发展步伐，实时补充和更新知识内容及应用场景。由于编者水平有限，书中难免存在不足之处，恳请广大读者批评指正。

目　　录

认识与体验身边的人工智能技术应用

学习目标 ☞

- 了解现阶段智慧医疗、智能出行、智能制造、智慧农业和智慧商业的概念；
- 了解智慧医院系统、区域卫生系统和家庭健康系统的概念；
- 了解智能交通系统的概念和子系统构成；
- 了解电子地图的概念和数据来源；
- 了解智能制造系统的概念及系统构成；
- 了解数字农业基础设施的建设内容和典型的智慧农业装备；
- 了解人工智能技术在智慧医疗、智能出行、智能制造、智慧农业和智慧商业等领域的应用现状及前景；
- 掌握基于"微脉"的医疗服务、微信出行服务、百度拍照识别商品、"设备管理"APP设备点检与维修上报的方法；
- 了解人工智能在"天问一号"成功登陆火星中的应用，培养学生的科技创新意识。

1.1　项目描述

随着以人工智能为代表的新一代信息技术的蓬勃发展，以及"智能+"概念的兴起，人工智能技术加速普及，智慧医疗、智能出行（也称智能交通）、智能制造、智慧农业、智慧商业等新概念应运而生。本项目重点介绍人工智能技术在上述领域的应用现状及发展趋势。

1.2　知识准备

1.2.1　体验人工智能技术在智慧医疗领域的应用

智慧医疗（wise information technology of med，WITMED）是近年来兴起的专有医疗名词，是一种基于物联网的，通过打造健康档案区域医疗信息平台，利用大数据、人工智能和区块链等技术，实现患者与医务人员、医疗机构、医疗设备之间的互动，用于进一步提升医疗服务质量的新兴医疗手段。

什么是智慧医疗

智慧医疗由智慧医院系统、区域卫生系统和家庭健康系统 3 部分组成。

1. 智慧医院系统

智慧医院系统由数字医院和提升应用两部分组成。

什么是智慧医院
系统

（1）数字医院

数字医院包括以下 4 部分，用于实现病人诊疗信息和行政管理信息的收集、存储、处理、提取及数据交换。

1）医院信息系统（hospital information system，HIS）指利用计算机软硬件技术和网络通信技术等现代化手段，对医院及其所属各部门的人流、物流、财流进行综合管理，对在医疗活动各阶段产生的数据进行采集、存储、处理、提取、传输、汇总，加工形成各种信息，从而为医院的整体运行提供全面的自动化管理及各种服务的信息系统。医院信息系统基本架构示例如图 1-1 所示。

2）实验室信息管理系统（laboratory information management system，LIMS）是以数据库为核心的信息化技术与实验室管理需求相结合的信息化管理系统。其管理的对象主要是与实验室有关的人、事、物、信息、经费等。实验室信息管理系统利用大数据、人工智能等技术实现实验数据的自动采集和分析，并结合网络化技术，优化实验室的业务和管理流程，从而极大提高了实验室的检测效率，降低了实验室运行成本，并且能有效进行问题的快速溯源，克服了传统实验室手工作业中存在的各种弊端。实验室信息管理系统基本架构示例如图 1-2 所示。

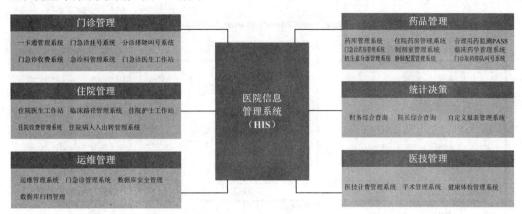

图 1-1　医院信息系统基本架构示例

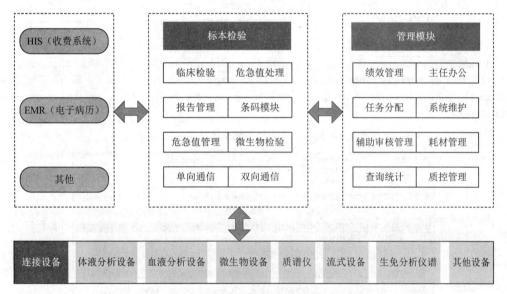

图 1-2　实验室信息管理系统基本架构示例

3）医学影像信息存储系统（picture archiving and communication system，PACS）是应用在医院影像科室的系统，其基本架构示例如图 1-3 所示。该系统是把日常产生的各种医学影像（包括核磁、CT、超声、X 光机、红外仪、显微仪等设备产生的图像）通过各类型接口（模拟、DICOM、网络）以数字化的方式进行海量保存，并在需要时能通过授权快速调阅影像资料，同时增加了部分辅助诊断功能的特种信息系统。

4）医生工作站（doctor workstation，DW），其核心工作是采集、存储、传输、处理和利用病人健康状况和医疗信息。医生工作站是包括门诊和住院诊疗的接诊、检查、诊断、治疗、处方和医疗医嘱、病程记录、会诊、转科、手术、出院、病案生成等全部医疗过程的工作平台。其中，又以门诊医生工作站最为常见，如图 1-4 所示，它是一个按门诊流程（挂号、候诊、看医生、交费、取药、抽血、化验、检查、治疗等），围绕着医生的诊疗行为而设计开发的信息系统。

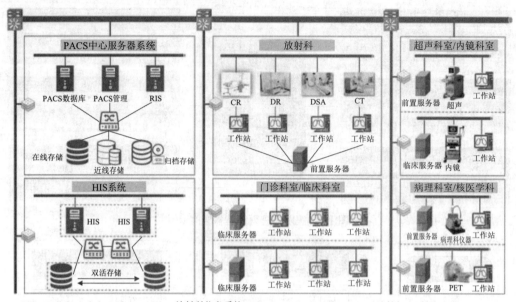

RIS：radiology information system，放射科信息系统；CR：computed radiography，计算机 X 射线成像；DR：digital radiography，数字化 X 射线成像；DSA：digital subtraction angiography，数字减影技术；CT：computed tomography，计算机断层扫描。

图1-3　医学影像信息存储系统基本架构示例

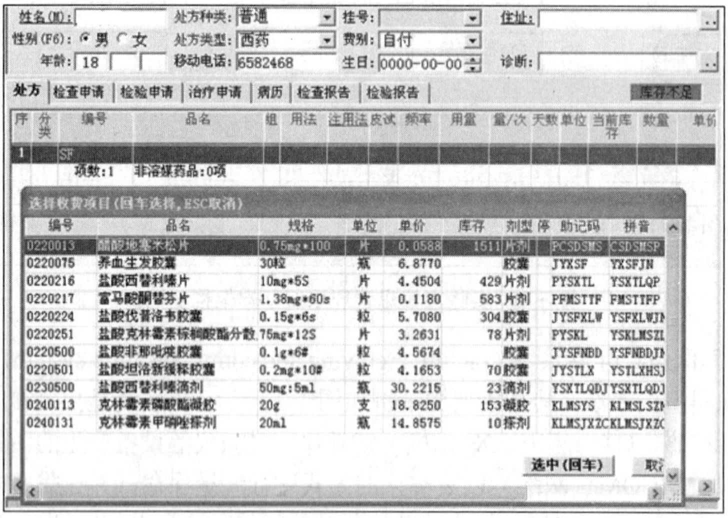

图1-4　门诊医生工作站平台示例

（2）提升应用

提升应用是远程图像传输、大量数据计算处理等技术在数字医院建设过程的应用，可以实现医疗服务水平的提升，主要包括以下几个方面。

1）远程探视，可以避免探访者与病患直接接触，杜绝疾病蔓延，缩短恢复进程。

2）远程会诊示例如图1-5所示，支持优势医疗资源共享和跨地域优化配置。

3）生命体征检测及自动报警示例如图 1-6 所示，可以对病患的生命体征数据进行监控，降低重症护理成本。

图 1-5　远程会诊示例

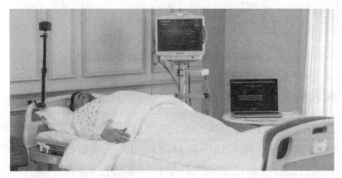

图 1-6　生命体征检测及自动报警示例

4）临床决策系统基本架构示例如图 1-7 所示，可以协助医生分析详尽的病历，为制定准确有效的治疗方案提供保障。

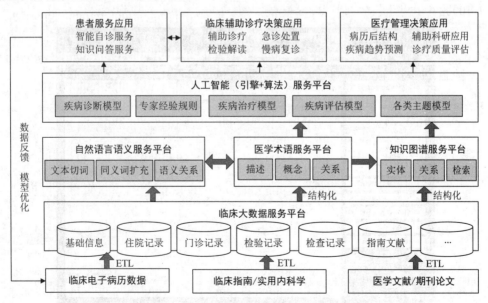

图 1-7　临床决策系统基本架构示例

5）智慧处方系统基本架构示例如图 1-8 所示，可以分析患者过敏史和用药史，反映药品产地批次等信息，有效记录和分析处方变更等信息，为慢性病治疗和保健提供参考。

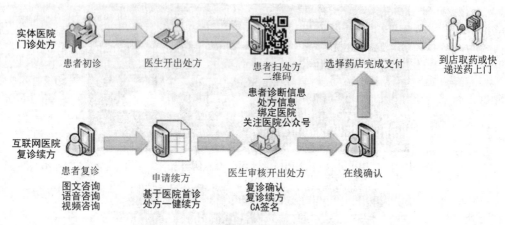

图 1-8　智慧处方系统基本架构示例

2. 区域卫生系统

区域卫生系统由区域卫生平台和公共卫生系统两部分组成。其中，区域卫生平台既包括收集、处理、传输社区、医院、医疗科研机构、卫生监管部门记录的所有信息的区域卫生信息平台，也包括旨在运用尖端的科学和计算机技术，帮助医疗单位及其他有关组织开展疾病危险度的评价，制定以个体为基础的危险因素干预计划，减少医疗费用支出，以及制定预防和控制疾病的发生和发展的电子健康档案（electronic health record，EHR）。

常见的区域卫生系统主要有社区医疗服务系统（见图 1-9）和科研管理系统（见图 1-10）。

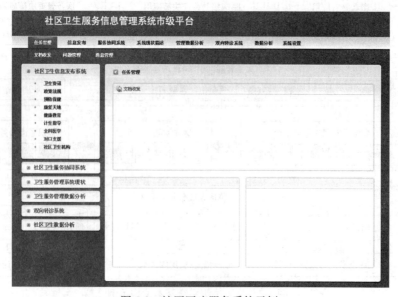

图 1-9　社区医疗服务系统示例

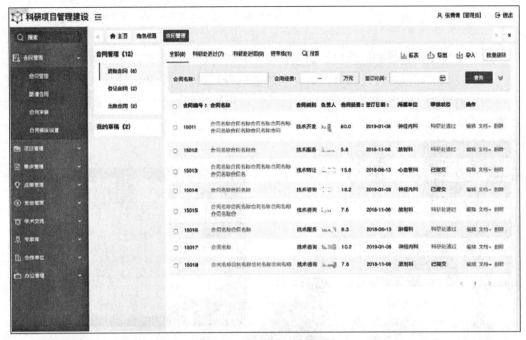

图 1-10 科研管理系统示例

公共卫生系统则一般由卫生监督管理系统（见图 1-11）和疫情发布控制系统组成。

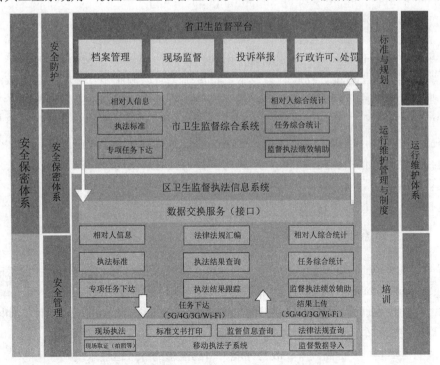

图 1-11 卫生监督管理系统基本架构示例

3. 家庭健康系统

家庭健康系统是最贴近居民的健康保障,包括针对行动不便而无法送往医院进行救治的病患视讯医疗;对慢性病以及老幼病患的远程照护,对智障、残疾、传染病等特殊人群的健康监测(见图 1-12),还包括自动提示用药时间、服用禁忌、剩余药量等的智能服药系统(见图 1-13)等。

图 1-12　远程照护与健康监测示例　　　　图 1-13　智能服药系统示例

1.2.2　体验人工智能技术在智能出行领域的应用

智能出行也称智能交通,是智慧城市的一个重要构成部分,其借助移动互联网、云计算、大数据、人工智能、物联网等技术,将传统交通运输业和互联网进行有效渗透与融合,形成具有"线上资源合理分配,线下高效优质运行"的新业态和新模式;并利用卫星定位、移动通信、高性能计算、地理信息系统等技术,实现城市、城际道路交通系统状态的实时感知,准确、全面地将交通路况通过手机导航、路侧电子布告板、交通电台等途径提供给人们;在此基础上,集成驾驶行为实时感应与分析技术,实现公众出行多模式多标准动态导航,提高出行效率;辅助交通管理部门制定交通管理方案,促进城市节能减排,提升城市运行效率。

1. 智能交通系统

智能交通系统(intelligent traffic system,ITS)又称智能运输系统(intelligent transportation system),是将数据通信技术、传感器技术、电子控制技术、自动控制理论、运筹学、人工智能技术等有效地综合运用于交通运输、服务控制和车辆制造,加强车辆、道路、使用者三者之间的联系,从而形成的保障安全、提高效率、改善环境、节约能源的综合运输系统。

什么是智能交通系统

目前,世界上智能交通系统应用最为广泛的国家是日本,日本的智能交通系统相当完备和成熟,其次美国、欧洲等国家和地区的智能交通系统应用也非常普遍。中国的智能交通系统发展迅速，在北京、上海、广州等大城市已经建设了先进的智能交通系统；其中，北京建立了道路交通控制、公共交通指挥与调度、高速公路管理和紧急事件管理4 大智能交通系统；广州建立了交通信息共用主平台、物流信息平台和静态交通管理系统 3 大智能交通系统。随着智能交通系统技术的发展，智能交通系统将在交通运输行业得到越来越广泛的运用。

从系统组成的角度，可将智能交通系统分成以下子系统。

1）先进交通信息服务系统（advanced traffic information system，ATIS）。ATIS 架构示例如图 1-14 所示。

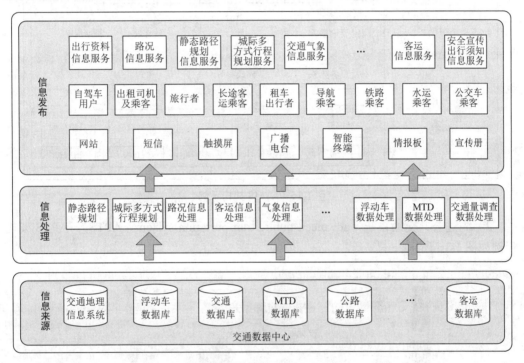

MTD：microwave traffic detector，双雷达微波交通检测器。

图 1-14　ATIS 架构示例

ATIS 建立在完善的信息网络基础上，交通参与者通过装备在道路、车辆、换乘站、停车场以及气象中心的传感器和传输设备，向交通信息中心提供各地的实时交通信息；ATIS 得到这些信息并进行处理后，实时向交通参与者提供道路交通信息、公共交通信息、换乘信息、交通气象信息、停车场信息以及与出行相关的其他信息；出行者根据这些信息确定自己的出行方式、路线选择。更进一步，当车辆上装备了自动定位和导航系统时，该系统还可以帮助驾驶员自动选择行驶路线。

2）先进交通管理系统（advanced traffic management system，ATMS）。ATMS 架构示例如图 1-15 所示。

ATMS 主要是给交通管理者使用的，用于监测控制和管理公路交通，在道路、车辆和驾驶员之间提供通信联系。它对道路系统中的交通状况、交通事故、气象状况和交通环境进行实时监测，依靠先进的车辆监测技术和计算机信息处理技术获得有关交通状况的信息，并根据收集的信息对交通进行控制，如控制信号灯、发布诱导信息、管制道路、处理事故与实施救援等。

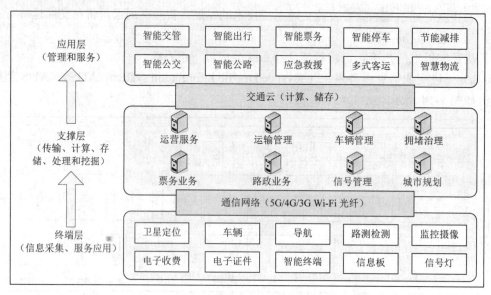

图 1-15　ATMS 架构示例

3）先进公共交通系统（advanced public transportation system，APTS）。APTS 架构示例如图 1-16 所示。

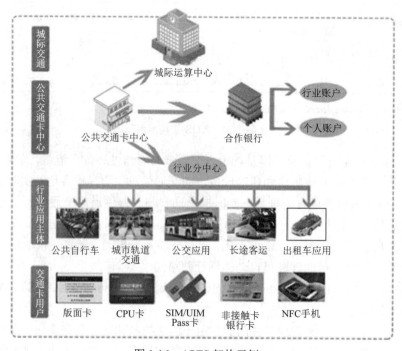

图 1-16　APTS 架构示例

APTS 的主要目的是采用各种智能技术促进公共运输业的发展，使公交系统实现安全便捷、经济、运量大的目标。例如，通过个人计算机、闭路电视等向公众提供出行方式和事件、路线及车次选择等方面的咨询，在公交车站通过显示屏向候车者提供车辆的实时运行信息。在公交车辆管理中心，可以根据车辆的实时状态合理安排发车、收车等计划，提高工作效率和服务质量。

4）先进车辆控制系统（advanced vehicle control system，AVCS），如图 1-17 所示。

AVCS 集成了帮助驾驶员进行车辆操控的各种技术，如对驾驶员的警告和帮助、障碍物避免等自动驾驶技术，可以使汽车安全、高效地行驶。

图 1-17　AVCS 示例

5）货运管理系统（freight management system，FMS）。FMS 架构示例如图 1-18 所示。

图 1-18　FMS 架构示例

货运管理系统是指以高速道路网和信息管理系统为基础，利用物流理论进行管理的智能化的物流管理系统。它综合利用卫星定位、地理信息系统、物流信息及网络技术，可以有效组织货物运输，提高货运效率。

6）电子收费系统（electronic toll collection system，ETCS）。ETCS 结构示例如图 1-19 所示。

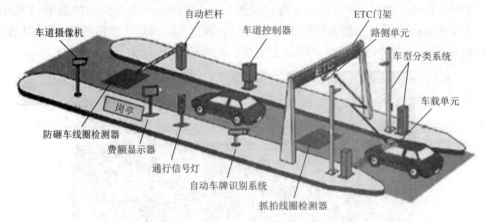

图 1-19　ETCS 结构示例

ETCS 是当下先进的路桥收费方式。通过安装在车辆风挡玻璃上的车载器与在收费站 ETC 车道上的微波天线之间进行微波专用短程通信，利用互联网及物联网技术与银行进行后台结算处理，从而达到车辆通过路桥收费站不用停车也能交纳路桥费的目的。在车道上安装 ETCS，可以使车道的通行能力提高 3～5 倍。

7）紧急救援系统（emergency rescue system，EMS），如图 1-20 所示。

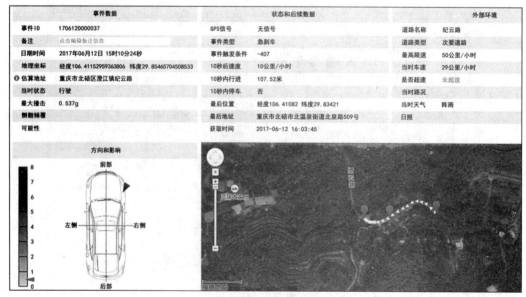

图 1-20　EMS 示例

EMS 是一个特殊的系统，它的基础是 ATIS、ATMS 及有关的救援机构和设施，通过 ATIS 和 ATMS 将交通监控中心与职业的救援机构联成有机的整体，为道路使用者提供车辆故障现场紧急处置、拖车、现场救护、排除事故车辆等服务。

2. 电子地图

电子地图（electronic map）即数字地图，是利用计算机技术，以数字方式存储和查阅的地图。目前，主流品牌的互联网电子地图产品主要有百度地图、高德地图、搜搜地图、图吧地图、天地图等。电子地图的数据一般包含地理底图数据、卫星影像数据、三维数据和街景数据 4 部分。

（1）地理底图数据

1）地理底图数据是电子地图的核心，可以看成是传统纸质地图的电子版，除了地图显示外，还支持地图的放大与缩小、地址查询、路径规划等功能。在日常使用过程中，如查询某个地点、查询两个地点之间的路径等所使用的都是这部分数据。这部分数据主要包含道路、POI（points of interest，兴趣点，商用地图主要采集饭店、宾馆、加油站、洗手间、ATM 等与人们生活息息相关的兴趣点）、行政区划、河流、绿地、居民区等数据。

在商用地图中，道路数据用于支撑路径规划，POI 数据用于支撑地址查找，这是商用地图的使用重点。其中，道路数据的获取一般需要实地开车沿道路行驶，通过摄像机记录道路实景，主要拍摄限速标志、路牌等，并依赖北斗或全球定位系统（global positioning system，GPS）记录行车位置信息，然后进行数据编辑；也可以利用卫星遥感进行道路图像勾绘。POI 数据的获取一般依靠实地采集或众包采集。行政区划、河流、绿地等数据多使用卫星遥感图像勾绘，以降低成本。

2）路况信息即为实时交通状况信息，一般以图层形式放置于地理底图数据之上使用。这部分数据有 3 种获取方式：一是以行业运营车辆（如出租车、物流车）作为浮动车，通过北斗或 GPS 车载装置和无线通信设备，将车辆行驶信息（如时间、速度、坐标、方向等参数）实时地传送到浮动车信息中心，经汇总处理后生成反映实时道路路况的交通信息；二是通过在道路上安置传感器来实时获取路段的车辆通行频次，进而计算交通流量；三是通过手机地图的使用者提供实时交通信息[其属于用户生产内容（user generated content，UGC），UGC 将是未来交通信息采集发展的大趋势]，然后再通过对多来源的实时数据进行融合与分析，有效提高交通信息预测的质量。

另外，交通信息的预测还必须有历史数据的支持，通过历史交通公共出行记录，使用人工智能预测模型计算出结果后，再利用大量的用户数据反向抽查，并利用反馈数据来调整预测模型，使预计到达时间（estimated time of arrival，ETA）更为精准。

（2）卫星影像数据

1）正射影像数据（见图 1-21）可以理解为卫星从高空垂直俯瞰地面所拍摄的照片。因为地理底图数据是通过一定的地理抽象而绘制出来的，在空间上并不连续，而卫星影像数据可以展示完整的地形地貌状况，因此能很好地补偿地理底图数据存在的误差。

图 1-21　正射影像数据示例

2）鸟瞰数据（见图 1-22）：这部分数据本质上仍然是正射影像数据，不过是旋转了一定角度，可以产生类似三维的视觉效果。

图 1-22　鸟瞰数据示例

（3）三维数据

1）假三维数据（2.5 维，见图 1-23）：这部分数据具有三维的视觉效果，实际在显示时只能平面平移，不能旋转，属于平面地图和三维地图之间的中间产物，在当前三维数据生产以及更新周期存在瓶颈的情况下，可以更加形象地展现现实世界的真实情况。目前，百度地图有这部分数据展示。

图 1-23　假三维数据示例

2）二维拔高数据（见图 1-24）：这部分数据是在平面地图的基础上为要素赋予一个标识高度的参数，如楼层的数量，在地图上显示时，实时拔高显示为一个立方体，部分立方体会贴上纹理。目前，手机端的高德地图和百度地图均有这部分数据展示。

图 1-24　二维拔高数据示例

3）真三维数据：目前，真三维数据在互联网商用地图中暂时没有出现。

（4）街景数据

1）360°实景数据（见图 1-25）：顾名思义，可以在地图上看到实际地点的周围景观。这类数据实质上是在指定位置旋转一周的图片。目前，百度地图有这类数据展示。

图 1-25　360° 实景数据示例

2）街景数据（见图 1-26）：实质为 360° 实景的升级版，沿道路拍摄图片后拼接而成，用户可以直接欣赏具体地点的实景。

图 1-26　街景数据示例

1.2.3　体验人工智能技术在智能制造领域的应用

制造业是指机械工业时代将某种资源（如物料、能源、设备、工具、资金、技术、信息和人力等），按照市场要求，通过制造过程，转化为可供人们使用的工业产品与生活消费产品的行业。制造业直接体现了一个国家的生产力水平，是区别发展中国家和发达国家的重要因素，其在发达国家的国民经济中占有重要份额。

智能制造源于人工智能的研究，是一种由智能机器和人类专家共同组成的人机一体化智能系统，它在制造过程中能进行智能活动，诸如分析、推理、判断、构思和决策等。随着产品性能的完善，结构的复杂化、精细化以及功能的多样化，促使产品所包含的设计信息和工艺信息量猛增，随之生产线和生产设备内部的信息流量增加，制造过程和管理工作

什么是智能制造

的信息量也必然剧增，因而促使制造技术发展的热点与前沿转向了提高制造系统对于爆炸性增长的制造信息处理的能力、效率及规模上。先进的制造设备离开信息输入就无法运转，柔性制造系统（flexible manufacturing system，FMS）一旦被切断信息来源就会立刻停止工作。因此，制造系统正在由原先的能量驱动型转变为信息驱动型，这就要求制造系统不但要具备柔性，而且还要表现出智能，否则是难以处理如此大量而复杂的信息工作量的。其次，瞬息万变的市场需求和激烈竞争的复杂环境，也要求制造系统更加灵活、敏捷和智能。因此，智能制造越来越受到重视。

广义的智能制造包括智能制造技术和智能制造系统两部分。

1. 智能制造的关键技术

当前服务于智能制造领域的关键技术主要包括识别技术、实时定位系统、信息物理融合系统、网络安全技术、系统协同技术等。

（1）识别技术

智能制造所利用的识别技术主要包括射频识别技术（radio frequency identification，RFID）（见图 1-27）、基于深度三维图像识别技术（见图 1-28）、物体缺陷自动识别技术（见图 1-29）等。

图 1-27 射频识别示例

图 1-28 基于深度三维图像识别示例

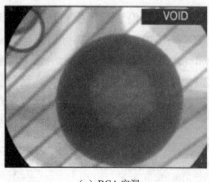
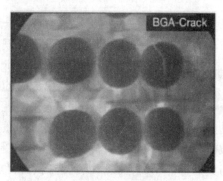

（a）BGA 空洞 　　　　　　　　　　　（b）BGA 锡球开裂

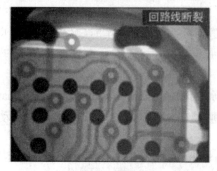

（c）PCB 线路断开 　　　　　　　　　　（d）IC 缺陷检查

BGA：ball grid array，球阵列封装；PCB：printed-circuit board，印制电路板；IC：integrated circuit，集成电路。

图 1-29　物体缺陷自动识别示例

其中，基于三维图像识别技术主要用于识别物料的形状、位置和方向等加工数据，是智能制造系统中的关键识别技术。

（2）实时定位系统

实时定位系统按技术类别可分为基于射频识别技术的电子标签系统（见图 1-30）、基于超宽带技术（ultra wideband，UWB）的定位基站（见图 1-31）和基于 GPS 技术的 GPS 定位器（见图 1-32）等，主要用于企业园区内的资产跟踪、人员跟踪、物流跟踪等，提供了查找、记录、监测、控制、调试等功能。

图 1-30　电子标签系统示例

图 1-31　定位基站示例

图 1-32　GPS 定位器示例

（3）信息物理融合系统

信息物理融合系统又被称为"虚拟网络-实体物理"生产系统，其架构如图 1-33 所示，它彻底改变了传统制造业的逻辑。在成熟的信息物理融合系统中，每个工件所需要的服务将会被独立计算出来。现有生产设施通过数字化改造升级，信息物理融合系统可以实现全新的体系结构。

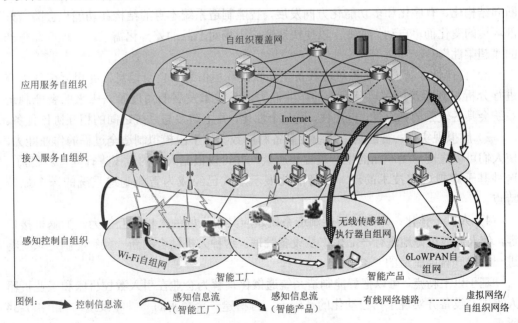

图 1-33　信息物理融合系统架构示例

（4）网络安全技术

网络安全技术是一种保障网络系统硬件、软件、数据及其服务安全而采取的信息安全技术。制造业向数字化方向的改变，很大程度上依托于工业互联网技术的发展，工业网络的普及也让工厂的网络安全受到威胁，需要利用网络安全技术加以保护。

一个相对成熟的智能工厂网络安全体系需要包括以下几个方面。

1）一个应对传统信息安全防范问题的子系统。

2）一个应对工控网络安全防范问题的子系统。

3）一个应对物联网安全防范问题的子系统。

4）一个进行全域网络安全监管的信息安全中心。

（5）系统协同技术

系统协同就是在不同系统之间通过大型制造工程项目自动化系统解决方案进行规划，使在自动化工厂中存在的各种信息管理系统协同操作，实现效益最大化。

2. 智能制造系统

智能制造系统是一种将互联网、云计算、大数据、人工智能等技术与产品生产管理深度融合，借助计算机模拟人类专家的智能活动，进行分析、推理、判断、构思和决策等，从而取代或延伸制造环境中人的部分脑力劳动，实现生产模式的创新变革，为客户提供工厂可视化和远程运维解决方案的人机一体化智能系统。

什么是智能制造系统

智能制造系统应具备以下特点。

1）自组织性：是指产品生产过程的构建和演化依赖于外界的"特定"干扰，并不断向结构化、有序化和多功能化方向发展，智能制造系统本身的结构和功能也会随着外部环境的变化而"自动"改变，以便快速适应市场对产品的差异化需求，实现产品生产的"超柔性"。

2）自律性：智能制造系统应具备主动收集环境信息和自身信息，并根据信息内容进行分析、判断及规划自身行为的作业能力。从技术发展的角度看，未来的智能制造系统会具备较强的独立性、自主性，更具个性化，并主动参与系统之间的相互协作任务。

3）虚拟现实性：智能制造系统应具备利用数据化手段模拟制造全过程的作业能力，使人们可以直观感受产品的生产过程和质量，并可以根据人们的意图进行变化。目前，这种基于虚拟现实技术的新一代智能化展示形式已经成为智能制造系统的一个显著特点。

4）人机一体化：未来的智能制造系统还应具备良好的人机交互能力，如脑机接口等，使人们能更好地进行产品生产及设备管理。这种人机结合的新一代智能制造系统将进一步提升智能制造的"柔性"。

基于以上特点，可以把智能制造系统通俗化理解为企业在引入数控机床和工业机器人等生产设备并实现生产自动化的基础上，再搭建一套精密的"神经系统"，如图 1-34 所示。

该智能"神经系统"将以 ERP 系统和 MES 等管理软件组成中枢神经；以传感器、嵌入式芯片、RFID 标签和条码等组件为神经元；以 PLC 等为连接控制神经元的突触；以现场总线和工业以太网等通信技术为神经纤维，使企业能够借助完善的"神经系统"感知环境、获取信息和传递指令，以此实现科学决策、智能设计及合理排产，从而大幅度提升设备的使用率并降低设备的运行维护成本。

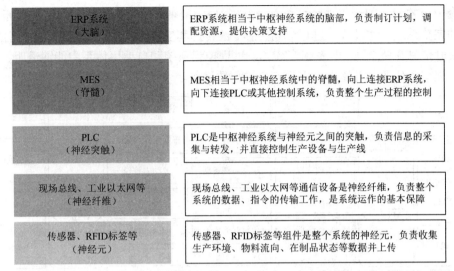

ERP：enterprise resource planning，企业资源计划；MES：manufacturing execution system，制造执行系统；

PLC：programming logic controller，可编程逻辑控制器。

图 1-34　智能制造"神经系统"的基本架构示例

（1）智能制造系统的中枢神经

ERP 系统是企业最顶端的资源管理系统，强调对企业管理的事前控制能力，它的核心功能是管理企业现有资源并对其进行合理调配和准确利用，为企业提供决策支持，其系统架构示例如图 1-35 所示。

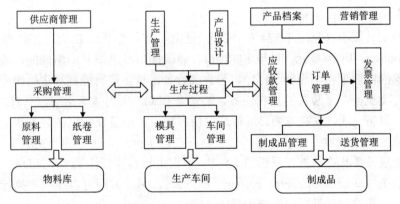

图 1-35　ERP 系统架构示例

MES 是面向车间层的管理信息系统，主要负责生产管理和调度执行，能够解决工厂生产过程的"黑匣子"问题，实现生产过程的可视化和可控化，其架构示例如图 1-36 所示。

打通 ERP 系统与 MES 的数据流是生产过程数字化的基础。ERP 与 MES 两大系统在制造业企业信息系统中处于绝对核心位置，但两大系统也存在着比较明显的局限性。ERP 系统处于企业最顶端，但它并不能起到定位生产瓶颈和改进产品质量等作用；MES 主要侧重于生产执行，企业财务和销售等业务不在其监控范畴。因此，企业如果需要搭建一套健康的智能制造"神经系统"，则必须要将两者打通，构成计划、控制、反馈、调整的完整系统，通过接口进行计划、命令的传递和实绩的接收，使生产计划、控制指令和实时信息在整个 ERP 系统、MES、过程控制系统和自动化体系中能够透明、及时和顺畅地交互传递，并逐步实现生产全过程数字化。

PLM: product lifecycle management，产品生命周期管理；WMS: warehouse management system，仓库管理系统；APS: advanced planning and scheduling，高级计划与排程；ECC: enterprises control center，企业控制中心；SCADA: supervisory control and data acquisition，数据采集与监视控制；IoT: Internet of things，物联网；WCS: warehouse control system，仓库控制系统。

图 1-36 MES 系统架构示例

（2）智能制造系统的神经突触

工业控制计算机（见图 1-37）和 PLC（见图 1-38）都是由 CPU、存储器、输入/输出（input/output，I/O）单元、外设 I/O 接口、通信接口及电源共同组成的，能够根据实际控制对象的需要配备编程器、打印机等外部设备，具备逻辑控制和逻辑编程功能，能够完成对各类机械电子装置的控制任务。特别是 PLC，因为体形小巧，具有可靠性高、易于编程、组态灵活、安装方便、运行速度快等特点，不仅成为机械装备和生产线的控制器，还成为生产线数据的采集器和转发器，类似于神经系统中的"突触"，一方面可以收集、读取设备状态数据并反馈给上位机[数据采集与监视控制（SCADA）系统或分布式控制系统（distributed control system，DCS）]，另一方面可以接收并执行上位机发出的指令，直接控制现场层的生产设备。

（3）智能制造系统的神经元

在智能制造"神经系统"中，担任神经元角色的是与物料、在制品、生产设备、现场环境等物理环境直接接触的传感器（见图 1-39）、RFID 标签及条码等组件。传感器能感受到被测量的信息，并能将感受到的信息变换成为电信号或其他所需形式的信息输出，传感器使智能制造系统有了触觉、味觉和嗅觉等感官。RFID 标签具有读取快捷、批量识别、实时通信、重复使用和可动态更改等特点，与智能制造的需求极为契合。通过RFID 技术，企业可以将物料、刀具、在制品、成品等一切附有 RFID 标签的物理实体纳入监测范围，帮助企业实现减少短货现象、快速准确获得物流信息等目标。

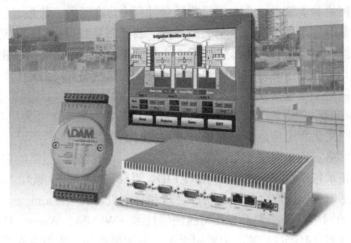

图 1-37　工业控制计算机示例

图 1-38　PLC 示例

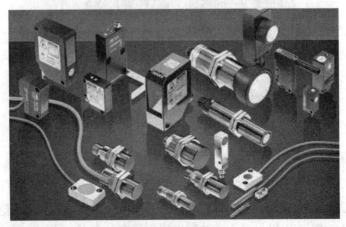

图 1-39　传感器示例

（4）智能制造系统的神经纤维

工业通信网络种类繁杂，企业在日常经营过程中，在研发、计划、生产、工艺、物流、仓储和检测等各个环节都会产生大量数据，要让海量数据在智能制造"神经系统"内顺畅流转，就要综合利用现场总线、工业以太网等各类工业通信网络建立一套健全的神经纤维网络。工业通信网络总体上可以分为有线通信网络和无线通信网络。

有线通信网络主要包括现场总线、工业以太网、工业光纤网络和时间敏感网络（time sensitive networking，TSN）等。现阶段工业现场设备数据采集主要采用有线通信网络，以保证信息实时采集和上传，满足对生产过程实时监控的需求。

无线通信网络正逐步向工业数据采集领域渗透，是有线通信网络的重要补充。目前，无线通信网络技术包括短距离通信技术（RFID、ZigBee 和 Wi-Fi 等），主要用于在车间或工厂内的传感器数据读取、物品及资产管理和移动机器人（automated guided vehicle，AGV）等设备的网络连接；专用工业无线通信技术（WIAPA、WirelessHART 等）以及蜂窝无线通信技术（4G/5G）等，主要用于工厂外智能产品、大型远距离移动设备、手持终端等的网络连接。

（5）智能制造系统的躯干及四肢

智能制造装备是智能制造系统的躯干及四肢。它是指具有感知、分析、推理、决策、控制功能的制造装备，是先进制造技术、信息技术和智能技术的集成和深度融合。目前，智能制造装备的两大核心是数控机床与工业机器人。

数控机床（见图1-40）是一种装有程序控制系统的自动化机床，该控制系统能够逻辑地处理具有控制编码或其他符号指令规定的程序，并将其译码通过信息载体输入数控装置。数控机床的控制系统通过运算处理由数控装置发出的各种控制信号来控制机床，按图纸要求的形状和尺寸自动地将零件加工出来，能够较好地解决复杂、精密、小批量、多品种的零件加工问题。工业机器人是面向工业领域的多关节机械手或多自由度的机器装置，它可以接受人类指挥，也可以按照预先编排的程序运行。

图1-40　数控机床

工业机器人（见图1-41）在汽车制造、电子设备制造等领域应用广泛，有点焊机器人、弧焊机器人、搬运/码垛机器人、装配机器人等多种类型，能够高效、精准、持续地完成焊接、涂装、组装、物流、包装、检测等工作。

（a）点焊机器人

（b）弧焊机器人

（c）搬运/码垛机器人

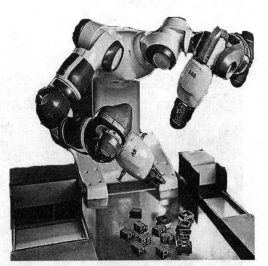

（d）装配机器人

图 1-41 工业机器人示例

1.2.4 体验人工智能技术在智慧农业领域的应用

农业包括种植业、林业、畜牧业、渔业和副业五种产业形式。狭义的农业是指种植业，包括生产粮食作物、经济作物、饲料作物和绿肥等农作物的生产活动。

智慧农业是指现代科学技术与农业种植相结合，从而实现无人化、自动化、智能化管理。它是农业生产的高级阶段，主要用于解决农户、农场与农企的劳动力成本过高和生产管理粗放等难题，目的是以作物生长周期中的关键指标为导向，提供标准化的农事日历模板，通过数字农业基础设施、精准智能农业装备、农业物联网和人工智能等技术，系统地匹配作物生长的关键指标，精准管理农事生产规划与执行，提高管理效率，追求

什么是智慧农业

产量与质量的最优平衡，实现农业生产力与盈利能力最大化。

1. 智慧农业的关键技术

当前服务于智慧农业领域的关键技术主要包括基于物联网的农业感知技术、基于大数据及云平台的农业分析技术、基于人工智能的农业决策技术等。

（1）基于物联网的农业感知技术

基于物联网的农业感知技术是实现智慧农业精细化生产和自动化生产的基础，所感知的准确数据是指导农业过程中合理生产管理的重要依据。其主要通过各种无线传感器（见图1-42）实时采集农业生产现场的土壤成分、温湿度、风速风向、光照强度、二氧化碳浓度等环境参数，利用视频监控设备获取作物的生长状况等信息，远程监控农业生产环境，同时将采集的参数和获取的信息进行数字化转换和汇总后，经传输网络（见图1-43）实时上传到智能管理系统中，实现对土壤墒情、农田虫情、农田苗情和农田灾情的农业"四情"管理。

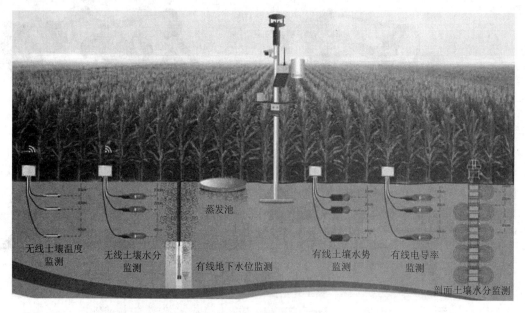

图 1-42　无线传感器示例

（2）基于大数据及云平台的农业分析技术

基于大数据及云平台的农业分析技术是开展智慧农业生产的驱动要素。它是在开放系统中收集、鉴别、标识数据，并建立数据库，通过参数、模型和算法来组合和优化海量数据，为农业生产操作和经营决策提供依据的重要手段。目前，其主要服务的领域包括以下几个方面。

1）农业环境与资源数据分析：主要分析土地资源数据、水资源数据、气象资源数据、生物资源数据和灾害数据。

2）农业生产数据分析：主要分析种植业生产数据和养殖业生产数据。

3）农业市场数据分析：主要分析市场供求信息、价格行情、生产资料市场信息、价格及利润、流通市场和国际市场信息等。

4）农业管理数据分析：主要分析国民经济基本信息、国内生产信息、贸易信息、国际农产品动态信息和突发事件信息等。

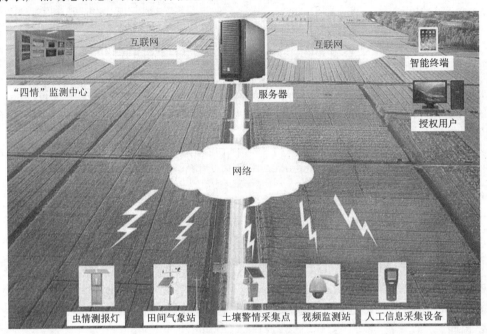

图1-43　无线物联网示例

例如，将大数据及云计算技术应用于大田作物种植管理时，可以通过对海量的基因信息流进行挖掘和分析，高效地确定品种的适宜区域和抗性表现，如图1-44和图1-45所示。

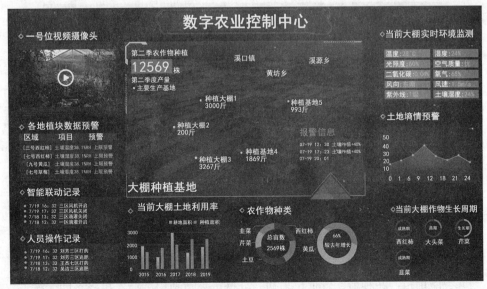

图1-44　基于大数据分析的大田作物种植管理示例

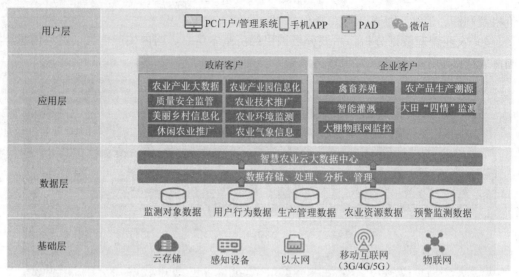

图 1-45　农业云平台基本构架示例

（3）基于人工智能的农业决策技术

基于人工智能的农业决策技术是智慧农业的发展保障，也是智慧农业未来发展的重要方向。农业决策涉及农业投资与经营管理等诸多领域，此处只针对种子检测、智能种植、作物生长管理、土壤灌溉、农业生产规划与供应链管理等 5 个方面进行简要说明。

1）种子检测：种子是农业生产中最重要的生产资料之一，种子质量直接关系到作物产量。种子的纯度和安全性检测是提升农产品质量的重要手段。因此，利用图像分析以及神经网络算法等非破坏性方法对种子进行准确评估，对提高农产品产量和质量可以起到很好的保障作用。种子检测如图 1-46 所示。

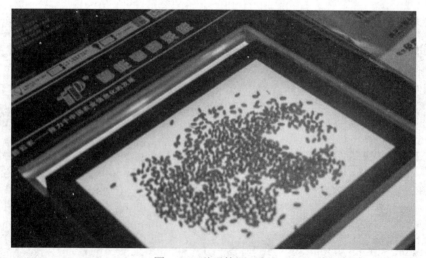

图 1-46　种子检测示例

2）智能种植：在种植、管理、采摘、分拣等环节使用智能农机将有助于缓解农民的负担，大大降低土地对劳动力的需求量，实现农业种植的智能化与自动化，如图 1-47 所示。

图 1-47　智能种植示例

3）作物生长管理：在作物的生长预测、病虫害及杂草防治等环节可以开展对作物生长的实时数据与历史数据的大数据对比分析，再利用机器学习及深度学习算法建立科学的预测模型及管理方案以指导农业生产，如图 1-48 所示。

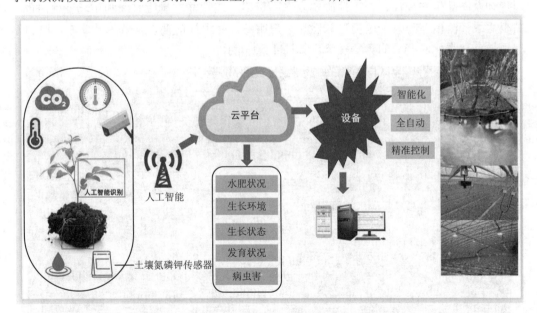

图 1-48　作物生长管理系统示例

4）土壤灌溉：人工神经网络具备机器学习能力，能够根据检测的当地气候指数和水文气象观测数据，选择最佳灌溉规划策略。通过各类传感器对土壤湿度进行实时监控，利用周期灌溉、自动灌溉等多种方式，可以提高灌溉精准度和水的利用率，既能节省用水，又能保证作物良好的生长环境，如图 1-49 所示。

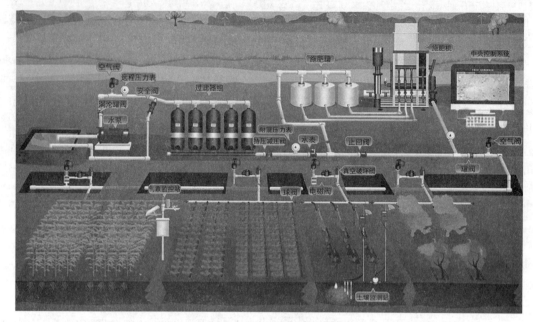

图 1-49　土壤灌溉系统示例

5）农业生产规划与供应链管理：利用人工智能技术建立风险控制模型，可以科学地规划农产品生产规模，合理地确定农产品价格，缩短需求响应时间和市场变化时间，减少需求预测偏差，改善送货可靠性和客户服务，缩短提前期，有效降低成本，增加库存周转率，强化农产品的竞争优势，如图 1-50 所示。

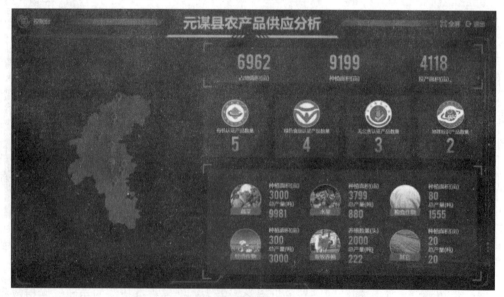

图 1-50　农业生产规划与供应链管理系统示例

2. 数字农业基础设施建设

（1）农林道路数字化建设

农林道路数字化建设的目的是围绕农林道路设施的建设、投用、管养、考核全过程，建立起科学高效的农林道路运行及养护机制，示例如图 1-51 所示。其数字化建设的主要内容包括以下几个方面。

1）视频采集系统：主要针对农村公路车流量情况进行采集，包括若干套前端设备，设备具有采集模块和处理模块，可以实现车辆计数、车速监控、车牌识别等功能。

2）交通地理信息云平台：是基于地理信息整合交通规划、建设和管理数据的系统化平台，对多源、多维、多类型交通管理数据和地理信息数据进行统一部署、融合互通，实现区域交通地理信息"一张图"。

3）全网监控管理系统：用于查看前端点位的整体运行状态，在日常使用中能及时发现排查前端障碍点。

4）多数据融合分析系统：是将通过农村公路前端各种类型设备采集的数据，按照标准进行数据整合，运用自动分析工具完成有用数据的提取推送。

5）农村业务子系统：包含智慧农路综合管理平台、运维支撑平台，最终接入交通综合信息管理与服务平台。

6）风、光供电系统：作为一种合理的独立电源，适合用于为远离电网、用电负荷不大的设备提供稳定可靠的电源供应。

图 1-51　农林道路数字化建设示例

（2）农田水利数字化建设

农田水利数字化建设的目的是围绕农田水利设施的建设、投用、管养、考核全过程，建立起科学的高效运行及维护机制，示例如图 1-52 所示。其数字化建设的主要内容包括以下几个方面。

1）农田水利管护数字地图：在全面完成骨干工程水利名录规划的基础上，对区域内所有水库、山塘、骨干渠道、田间渠道等同步开展摸排，并进行数字地图标定及勘误。

2）"智慧水利"信息化管理平台：集合区域内水利工程基础数据及运行管理数据，通过数据入库、工程上图、视频可控、现场监管等方式，实现水利工程运行维护全过程管理。

图 1-52　农田水利数字化建设示例

（3）农业服务中心数字化建设

农业服务中心的主要职责是向农民宣传涉农法规和推广农业技术，数字化建设示例如图 1-53 所示。其数字化建设的主要内容包括以下几个方面。

1）农产品市场信息管理平台：进行农产品生产数字化支撑服务，建立健全农产品来源地和质量标准的追溯机制，实行产销一体化全流程体系建设管理。

2）数字农业科技创新推广应用平台：进行农业种植业技术推广服务，种植管理技术服务，农业环境污染与治理，植物保护与检疫，农产品质量监管，土壤、农药、肥料管理技术服务，开展农民教育培训、农村科技培训等。

图 1-53　农业服务中心数字化建设示例

3．智能农业装备

（1）农业无人机

农业无人机（见图 1-54）装配了自动巡航的卫星导航系统，以及由巡航系统自动控制的标准摄像机，用于拍摄高分辨率的地面图片。无人机的巡航软件采用传统的无线电来控制无人机的飞行，包括飞行路径规划，可以最大程度地覆盖农场的面积，并控制摄像机的拍摄角度，以方便后期进行图像处理。

图 1-54　农业无人机示例

无人机可以为农民提供以下 3 种类型的详细信息。

1）从空中观察作物，帮助农民发现灌溉问题和土壤问题。

2）空中摄像可以提供多层次的图片，既可以采集到普通的视觉光谱照片，也能拍摄红外线照片，帮助农民发现肉眼无法看到的作物健康问题。

3）可以通过卫星定位方式，按累加的定位拍摄结果演示作物的生长变化，帮助农民更科学地进行作物生长管理。

（2）无人驾驶拖拉机

无人驾驶拖拉机（见图 1-55）是一种为了完成低速耕作等农业任务的自主运动农用车。与其他无人地面车辆一样，它利用计算机视觉、激光雷达和卫星定位及导航等技术执行规划任务，并能有效避开诸如人、动物或野外物体等障碍。

图 1-55　无人驾驶拖拉机示例

无人驾驶拖拉机体积小、重量轻，既节约燃料，又能减少化肥使用量。因为拖拉机的重量越重，就会把土壤压得越紧实，导致作物的根系生长困难，所以人们往往会用更大功率的拖拉机把地犁得更深，而大功率拖拉机的重量较大，会形成更深的压实土壤层。

较轻的无人驾驶拖拉机可以打破这种恶性循环，使作物产量增加 10%左右。

（3）农业机器人

农业机器人是用于农业生产的特种机器人（见图 1-56），是一种具备环境感知能力和自适应能力的新一代多功能农业机械。

（a）除草机器人

（b）采摘机器人

（c）喷药机器人

（d）育苗机器人

图 1-56　农业机器人示例

农业机器人的问世是现代农业机械发展的结果，是机器人技术和自动化技术发展的产物。农业机器人的出现和应用改变了传统的农业劳动方式，促进了现代农业的发展。

1.2.5　体验人工智能技术在智慧商业领域的应用

商业是以买卖方式使商品流通的经济活动。它的本质是基于人们对商品价值的认同，以货币为交换媒介的等价交换。以银行为代表的金融业与商业有着密切的联系。

智慧商业是指通过互联网、物联网、大数据、人工智能、区块链等技术手段来收集、挖掘和分析商业信息，科学地进行商业决策，合理地健全商业流程，有效地开展商业活动，着力提升销售业绩和增强综合竞争力的商业模式及管理手段。

什么是智慧商业

商业活动一般包括商品的收购、调运、储存和销售 4 个环节。

1）商品收购是商品流通部门通过商品货币关系从生产部门取得工农业产品的一种经济活动。

2）商品调运是根据市场需求，将商品利用铁路、公路、水路、航空和管道等运输形式，在地区之间进行位置转移的一种经济活动。

3）商品储存是指商品在生产和流通领域中的暂时停泊或存放过程。

4）商品销售是指商品经营企业通过货币结算出售所经营的商品，转移所有权并取得销售收入的交易行为。

这些活动的主要参与者包括商品生产者、商品经营者和商品消费者，以及为这些商业活动提供金融服务的以银行为代表的第三方金融业者。服务于现代商业活动的关键技术主要是指为了实现以商品识别智能化、商品流通可视化、网上购物场景化和支付方式便捷化为目标的物联网、大数据、云计算、人工智能、区块链等技术手段。

1．商品识别

目前条码技术和射频技术已经被广泛应用于制作商品标签，这为实现商品识别智能化提供了必要的基础。商品标签是贴在商品上的标志，包括文字和图案。与商品包装的装潢不同，商品标签是为了区别商品的分类、等级、产地、成分、价格等信息，是专用的；而商品包装的装潢是对商品的美化、装饰说明和宣传。

（1）一维条码

一维条码又称条形码，是将宽度不等的多个黑条和白条按照一定的编码规则排列，用以表达一组信息的图形标识符。一维条码可以标出物品的生产国、制造厂家、商品名称、生产日期等许多信息，因而在商品生产、流通、销售等许多领域得到广泛的应用。

目前，常见的一维条码多为 EAN（european article number）条形码。图 1-57 所示为标准版条形码，用 13 个数据位来表示，分为 4 个部分。从左到右，1～3 位是中国的国家编码，由国际分配；4～7 位是生产厂商编码，由国家分配；8～12 位是产品编码，由厂商自行确定；最后 1 位是校验码，根据一定的算法，由前面 12 位数字计算得到。

图 1-57　EAN 条形码示例

（2）二维条码

二维条码又称二维码，是在一维条码的基础上扩展出的一种具有可读性的条码。设备扫描二维条码，通过识别条码的长度和宽度中所记载的二进制数据，可获取其中包含的信息。相比一维条码，二维条码可以记录更复杂的数据，如图片、网络链接等。

目前，常见的二维条码为 QR（quick response）二维码，可将其简单理解为在水平和垂直方向构成的二维空间的存储信息的条形码，如图 1-58 所示。

图 1-58　QR 二维码示例

（3）电子标签

电子标签又称射频标签，其正面可以印刷条码，但在标签内部或背面有印制电路，用于利用 RFID 技术进行信息读写，如图 1-59 所示。这点与条码标签有所不同，条码标签无印制电路，且只能读取信息而不可写入信息。

图 1-59　电子标签示例

无论是对条码标签的识别，还是对 RFID 标签的识别，都需要用到商品标签识别仪器。常用的商品标签识别仪器如图 1-60 所示。

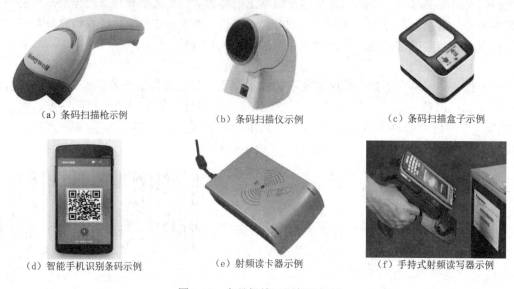

(a) 条码扫描枪示例　　　　　(b) 条码扫描仪示例　　　　　(c) 条码扫描盒子示例

(d) 智能手机识别条码示例　　(e) 射频读卡器示例　　　　(f) 手持式射频读写器示例

图 1-60　商品标签识别仪器示例

2. 商品流通

商品流通是指商品经营者通过购销活动,将商品生产者所生产的产品从生产领域转移到消费领域的过程。商品流通是商品价值实现的过程，是社会再生产过程的重要环节。

商品流通可视化是指实现在商品流通过程中对商品的实时跟踪。利用智慧物流系统是实现商品流通可视化的重要手段。智慧物流系统是在智能交通系统和商品信息管理系统的基础上，以电子商务方式运作的现代物流服务体系。它可以实时采集、分析与处理商品在各个物流环节中的保存状态和位置信息等数据，为物流服务提供商和客户的决策提供详尽的商品状态信息和咨询服务，如图 1-61 所示。

需要指明的是，智慧物流系统利用智能软硬件和新一代信息技术，以实现物流各环节精细化、动态化、可视化管理，提高物流系统智能化分析决策和自动化操作执行能力，提升物流运作效率为主要目标。因此，其提供的信息服务已远大于商品流通可视化这一范围。

GTS（GPS tracking system，GPS追踪系统），可简单理解为订单单号跟踪系统。

图1-61　基于智慧物流系统的商品流通可视化示例

3．网上购物

网上购物是通过互联网检索商品信息，并通过电子订购单发出购物请求，然后进行网上支付，再由商品经营者通过邮寄等方式销售商品的一种商品交易形式。

目前，虚拟现实技术已经应用到网上购物领域，它将现场购物与传统网络购物的优点相结合，创建能够与消费者交流互动的三维虚拟购物消费场景，让人置身于三维购物场景之中，使得购物过程变得更加真实，从而让用户的消费体验效果得到极大的提升，如图1-62所示。

图1-62　基于虚拟现实技术的购物消费场景化示例

虚拟现实技术是实现网上购物场景化的重要手段。它是伴随多媒体技术发展起来的计算机新技术，利用三维图形生成技术、多传感交互技术以及高分辨率显示技术，生成三维逼真的虚拟环境，用户需要通过特殊的交互设备才能进入虚拟环境中。它的一个主要功能是生成虚拟场景的图形，故此又称为图形工作站。

4. 支付方式

随着科技的发展，目前支付方式已经变得更加便捷化。在付款端，指纹识别、声纹识别、人脸识别等生物识别技术正逐步应用于支付用户的身份认证和指令识别环节；在收款端，大数据、云计算、人工智能和区块链等技术的广泛应用，促使支付与场景深度结合。目前，支付方式便捷化主要体现在以下几个方面。

（1）基于移动支付技术实现交易便捷化

随着 5G 时代的到来，移动支付已成为广大民众获取基础性金融服务的重要渠道，进一步扩大了普惠金融的服务范围，激发了支付清算行业创新发展的活力。移动支付发展迅猛，以云闪付、支付宝、微信支付等为代表的中国支付品牌，正在推动中国移动支付业务模式、标准规范、系统平台、应用场景等逐渐走向海外。

（2）利用云计算技术实现企业经营轻量化

随着云计算、大数据、人工智能在金融云领域的运用，通过对信息价值的挖掘，可以优化企业要素资源配置，实现企业价值的最大化。分布式云架构（见图 1-63）具有低延迟、低数据成本和数据驻留安全等优点，能帮助支付系统实现资源弹性扩容，大大缩短应用部署时间，实现故障自动检测、业务升级不中断，从而能更好地适应"互联网+金融"的服务模式。

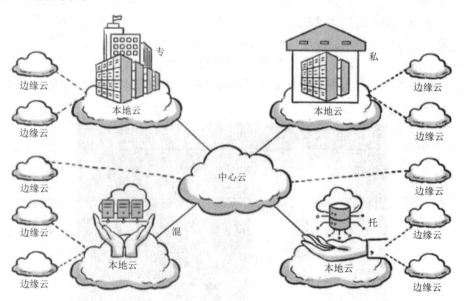

图 1-63　分布式云架构示例

（3）利用区块链技术实现金融管理高效化

随着区块链技术在金融领域应用的逐步深入，区块链技术将为支付架构搭建、支付风险防范提供有力的技术支撑。在实践中，区块链技术有利于降低支付成本，提高支付效率，能有效防范交易对手间的信用风险和由此带来的系统性风险。利用区块链技术作为底层技术实现支付清算，以链表格式存储交易数据，将会大幅降低区块链的磁盘存储空间利用率，极大提高支付清算系统利用率。此外，区块链技术在跨境支付、数字票据等领域的应用也已初见成效。传统支付系统与区块链支付系统的对比如图1-64所示。

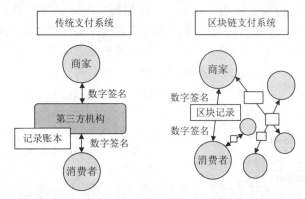

图1-64　传统支付系统与区块链支付系统对比示例

（4）利用大数据技术实现业务范围海量化

随着大数据产业发展环境的进一步优化，大数据技术将广泛应用于支付领域，以大数据为引擎的支付生态也日趋细分化和专业化。大数据与支付业务深度融合，形成支付业务的数据驱动引擎。

基于大数据挖掘的
精准营销模型

1）在消费环节，通过大数据精准提炼用户画像（见图1-65），可以对用户行为进行深度分析。用户画像的核心在于用高度精练的特征来为用户"打标签"，如年龄、性别、地域、用户偏好、消费能力等，

图1-65　基于大数据技术的用户画像示例

最后综合关联用户的标签信息，勾勒出用户的立体"画像"。用户画像可较完美地抽象一个用户的信息全貌，为进一步精准、快速地预测用户行为、消费意愿等重要信息提供全面的数据基础，是实现大数据精准营销的基石。

2）在营销环节，在对客户精准分层的基础上，可以针对不同层次用户进行精准营销，同时也能为特约商户定制财务管理、营销规划等服务。基于大数据挖掘的精准营销模型结构包括数据层、业务层和应用层等。其中，业务层包括用户画像和模型构建两部分。如图 1-66 所示为基于大数据挖掘的精准营销模型，该模型基于可采集的全量数据源，从人口属性、金融征信、通信行为、兴趣偏好、APP 偏好、常驻/实时位置等维度构建用户的全息画像，基于针对存量用户的历史数据挖掘的典型特征构建预测模型，来输出产品的目标用户群体，并通过模型置信度以及预测效果的评估对模型进行修正，最终得到目标客户群体，为市场营销策略提供有效支撑。

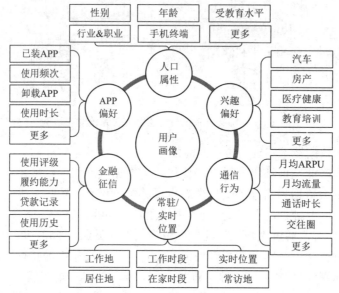

ARPU（average revenue per user）即每用户平均收入，是用于衡量电信运营商和互联网公司业务收入的指标，指的是一个时期（通常为一个月或一年）内电信运营企业平均每个用户贡献的通信业务收入，其单位为元/户。

图 1-66　基于大数据挖掘的精准营销模型示例

3）在风险防控环节，基于海量数据的大数据分析，可以为建立人工智能支付风险防控模型提供强大的数据支持，以便打造全数据、自动化、高时效的支付风险防控体系。

4）在征信环节，通过实名认证用户身份信息核实和个人消费信用数据分析，为建立人工智能消费信用评级模型提供精确的数据支持，以便打造全地域、智能化的征信体系。

（5）利用人工智能技术实现支付过程智能化

人工智能技术正逐步运用于支付领域，主要通过生物识别、机器学习等技术来提高支付的便捷性、安全性，促进支付业务创新，提升用户体验，提高运营效能，强化风险控制。指纹支付如图 1-67 所示。

（6）利用物联网技术实现支付创新感知化

物联网通过透彻感知，将支付行为与企业运营状态、用户基本情况的动态变化相关

图 1-67　指纹支付示例

联，可实现动态调整支付额度，帮助市场主体防控风险。目前，"无人商店"颠覆了传统商业场景（见图 1-68），通过扫描二维码就可以实现开门取物、支付等操作，使物流业在拓展空间、时间概念的同时，也推动了感知支付的发展。一方面，通过开立支付账户，可登录物联网的身份验证和综合信息管理平台，关联一个物联网账户即可实现多平台登录。另一方面，利用指纹、虹膜、掌纹、掌静脉、声纹和人脸识别等进行个人身份鉴定的生物识别技术将促使密码支付向识别支付过渡。

图 1-68　无人商店示例

1.3　项目实施

接下来介绍目前在智慧医疗、智能出行、智能制造、智慧农业和智慧商业等领域的人工智能技术典型应用案例，并请大家讨论、思考人工智能技术是怎样影响或改变人们的生活的。

1.3.1　案例鉴赏：人工智能技术在智慧医疗领域的应用案例

1. 语音电子病历

语音电子病历主要利用了人工智能技术中的自然语言处理和语音识别领域的研究成果。与传统手写病历不同，语音电子病历一方面改变了医生的问诊方式，使他们可以一边问诊，一边将结果读出来，并通过专门定制的医学麦克风传输到计算机上，再利用语音识别和语音转换程序生成电子版的文字病历，提供给患者且便于长期存档，从而缓解医生的疲劳，提升其问诊效率；另一方面，有了语音电子病历后，患者看不懂医生写的"天书"病历，听不懂医生的方言诊断，纸质病历容易遗失等问题迎刃而解，患者看病的满意度显著提高。

目前，医疗语音技术代表性企业如表 1-1 所示。

表 1-1　医疗语音技术领域代表性企业一览表

企业名称	主要产品	功能	产品特性
Amazon	语音助手 Alexa	回答医疗问题、提供急救医疗信息、帮助患者与护理人员沟通	Alexa 可以集成到电子病历中，实现高效的信息录入
Nuance Communications	医疗语音解决方案 Dragon Medical One	为临床专业人士提供语音文件导航系统和应用程序，以实现与患者进行全新交流的目标	语音技术以统计推断方法为基础，着眼于音素和语境来识别话语
Google	自动语音识别技术	针对医疗信息的提取和分析，改善电子健康记录的语音转录过程	利用深度学习模型识别电子病历
科大讯飞	智慧医疗解决方案	软件和硬件结合，多种硬件产品形态满足用户多样化需求	口腔语音电子病历：以讯飞智能语音技术和人工智能技术为核心，采用语音识别+自然语言理解的方式，智能展现医患交流内容，自动生成结构化的电子病历
云知声	智能医疗语音录入系统	以云知声的高性能识别引擎为基础，通过语音来高效处理大量文本录入工作	语音录入方式可有效避免复制粘贴操作，规范病历输入，增加输入安全性

2. 影像诊断

医学影像是医生完成诊断的主要依据，通过对影像的分析和比较，从而完成有依据的诊断。但是在实际过程中，往往会存在以下问题。

1）影像诊断人才资源紧缺。医疗机构普遍缺乏高水平的影像医师，在疾病诊断时往往会发生同病异影、异病同影等情况。

2）传统定性分析存在诊断误差。医生普遍擅长定性分析，很多微小的定量变化无法通过肉眼判断，很难做到定量分析。

3）医生阅片时间长。目前的影像呈现方式为数据和图像，而不是最有效的信息，很大程度上限制了医生的人工阅片速度。

因此，可以利用人工智能技术中的计算机视觉和图像识别领域的研究成果来有效解决部分问题。目前，人工智能技术在医学影像领域的应用方向主要有以下几类。

（1）影像设备的图像重建

人工智能技术可以借助图像重建算法在只采集少量样本的条件下生成与全采样图像同等品质的图像，这样在满足临床诊断需求的同时，还能够降低辐射的风险。

（2）智能辅助诊断疾病

智能辅助诊断疾病包括智能辅助诊断肺部疾病、智能辅助诊断眼底疾病、智能辅助诊断脑部疾病、智能辅助诊断神经系统疾病和智能辅助诊断心血管疾病等。

（3）智能勾画靶区

目前，放疗是肿瘤病人的主要治疗方式之一，而病变器官的正确定位及精准勾画是放疗的基础和关键技术。因此，在放疗之前首先需要对 CT 图像上的器官、肿瘤位置进行标注，按照传统方法，一般需要耗费医生 3～5 小时，通过应用人工智能技术可大幅提升效率，智能靶区勾画的高准确率能够很大程度避免由于靶区勾画得不准确导致的无效治疗。目前，人工智能+靶区勾画已经成功运用在肺癌、乳腺癌、鼻咽癌、肝癌、前列腺癌、食管癌和皮肤癌的治疗上。

（4）智能判断病理切片

病理切片的判断是一项复杂的工作，即使是具有专业经验的医生，也容易忽略不易察觉的细节，从而导致诊断的偏差。将人工智能技术引入病理切片的研究，通过学习病理切片细胞层面的特征，不断完善病理诊断的知识体系，是提高读片效率及诊断准确值的最好的办法。

（5）其他智能辅助诊断方案

人工智能技术在医学影像中的应用还包括脏器的三维成像、超声辅助甲状腺结节诊断、骨龄分析、骨折智能诊断等。

目前，比较有代表性的人工智能医学影像企业如表 1-2 所示。

表 1-2　人工智能医学影像代表性企业一览表

企业名称	涉及领域	具体业务
汇医慧影	疾病诊断	胸片筛查（胸部气胸、肺结节、肺结核、肿块的自动诊断）、B 型主动脉夹层手术中的精准测量、骨折智能诊断
	靶区勾画	肺癌筛查以及病灶区域自动识别并勾画
Airdoc	疾病诊断	眼底疾病、皮肤癌检测、脑出血及脑损伤检测、冠状动脉硬化检测、肺癌检测、脂肪肝检测、压缩性骨折自动检测
	病理切片	皮肤癌检测、宫颈癌检测
推理科技	疾病诊断	肺部疾病（自动识别并标记结节病灶）、胸部疾病（识别并标记结节、骨折、气胸等多种病灶）、脑卒中（迅速定位出血区域、自动分割、精确量化出血体积）、骨质病变

企业名称	涉及领域	具体业务
上工医信	疾病诊断	糖网病、脑卒中、冠心病、白内障的筛查
树坤科技	疾病诊断	肺部疾病（结节、肺癌）、头颈 CT 辅助诊断、冠心病诊断、主动脉疾病（主动脉疾病类型、主动脉瘤、术前规划）
依图科技	疾病诊断	胸部 CT 辅助诊断（肺部病变、纵膈病变、胸膜病变）、肺癌筛查、乳腺癌筛查、儿童生长发育智能诊断、卒中、甲状腺超声辅助
连心医疗	靶区勾画	智能靶区勾画
医诺科技	靶区勾画	放疗靶区勾画
兰丁高科	病理切片	宫颈癌筛查、白血病筛查
智影医疗	疾病诊断	肺结核筛查、早期乳腺癌智能诊断、胸片随访对比、早期老年痴呆症智能诊断、早期肺癌结节检测
	病理切片	痰菌显微成像的肺结核自动诊断

3. 医疗机器人

医疗机器人是集医学、机器人、人工智能、生物力学、材料学、计算机图形图像等诸多学科于一体的新型交叉研究领域的重要成果。医疗机器人除包括机器人的基础理论和关键技术，还包括机器人构型设计优化技术、运动模型、驱动技术、自动控制技术、传感器技术等。在此基础之上，如果涉及机器人自主作业，还要求医疗机器人具有的关键技术包括人机协同、遥控操作、空间定位、多模影像处理、人工智能、互联网大数据、VR/AR 等。

目前，根据医疗机器人的不同功能，可将其分为手术机器人、非手术诊疗机器人、康复机器人和医疗服务机器人四大类。根据波士顿咨询公司的统计数据，手术机器人是医疗机器人中占比规模最大的产品，约有 60%的市场份额，其次是外骨骼、智能假肢等康复机器人，非手术诊疗机器人和医疗服务机器人占比相对较小。

（1）手术机器人

手术机器人通常由一个内窥镜（探头）、刀剪等手术器械、微型摄像头和操纵杆等器件组装而成。目前使用的手术机器人的工作原理是通过无线操作进行外科手术的，即医生坐在计算机显示屏前，通过显示屏和内窥镜仔细观察病人体内的病灶情况，然后通过手术机器人的手术刀将病灶精确切除或修复。手术机器人最大的特点是具有人不具备的灵巧性，原因在于一方面它的震颤过滤系统能滤除外科医生手部的颤动，另一方面它的手术动作缩减系统能成比例缩减外科医生的动作幅度。

目前，手术机器人能够操作的手术种类主要有以下几个方面。

1）普外科的胃部分切除术、阑尾切除术、胃造口术、乳房切除术等。

2）肝胆外科的胆囊切除术、肝门空肠吻合术、胆总管造口术等。

3）妇产科的子宫切除术、卵巢错位、子宫肌瘤切除术等。

4）泌尿外科的前列腺切除术、肾切除术、输尿管成形术等。

5）胸心外科的心脏不停跳旁路术、瓣膜修复术、食管肿物切除术等。

（2）非手术诊疗机器人

非手术诊疗机器人主要包括配药机器人、放疗机器人、胶囊机器人和影像辅助机器人等辅助诊断治疗的机器人系统。

1）配药机器人是替代人工配药作业的新方式，是提高药品库存管理质量和药品使用效率的新型工具。

2）放疗机器人的图像引导治疗手段能够实施术中导航以及术后评估治疗效果，有效降低手术的创伤，提高治疗的精度，使患者尽早康复，减少复发可能性。其一般由影像引导系统、治疗计划系统和治疗实施系统3部分组成。

3）胶囊机器人是胃肠部检查的新型方式，这种方式避开了胃镜的插管，医护人员利用磁场技术对胶囊内镜实现体外遥控，受检者检验全程无须麻醉，可以做到无痛、无创、无交叉感染，检查后胶囊机器人经消化道排泄出体外，一次性使用。

4）影像辅助机器人用于整合现有的多种成像系统，能够将X光、磁共振成像、超声成像、正电子发射型计算机断层显像等多种成像手段集于一体，能够实现360°的全景成像并进行大范围的三维图像重建。影像辅助机器人还包括帮助医生阅片的阅片机器人，可高效完成疾病筛查、定位病灶、定量标注、科学诊断等一整套医学影像识别流程，全面覆盖肺部CT、骨龄、乳腺肿块、X光等十几种常见的医学影像识别场景，并兼具快速的识别速度和极高的识别准确率，是未来人工智能与医疗健康结合的主要应用场景。

（3）康复机器人

自20世纪90年代美国麻省理工学院Hogan教授带领团队研制出MIT-MANUS末端式上肢康复机器人后，机器人在功能康复与辅助方面的应用也得到了国际学术界、工业界及临床康复界的广泛关注。康复机器人是应对人口老龄化、医疗资源需求增长的重点，因为涉及人类生命健康的特殊领域以及潜在的经济市场，已经被多个国家列为战略性新兴产业。

（4）医疗服务机器人

医疗服务机器人能够在限定的医疗环境中提供高精度、高强度、长时间的医疗服务，目前由于医护人员的缺少，医疗服务机器人的需求越来越大。医疗服务机器人的工作重点也在于帮助医护人员分担一些沉重、烦琐的运输工作，提高医护人员的工作效率，如抬起病人去厕所或为大小便失禁的病人更换床单等。一些医疗服务机器人还用来辅助护士完成药品、医疗器械等的投递工作。

目前，比较有代表性的医疗机器人企业如表1-3所示。

表1-3　医疗机器人代表性企业一览表

企业名称	涉及领域	典型产品
Intuitive Surgical	手术机器人	达芬奇外科手术系统
罗伯医疗	手术机器人	消化内镜手术机器人
博为机器人	非手术机器人	多功能静脉药物调配机器人
Omnicell&Aesynt	非手术机器人	自动配药系统、药品库存管理系统和麻醉工作站
璟和机器人	康复机器人	Flexbot多体位智能康复机器人系统

企业名称	涉及领域	典型产品
Ekso Bionics	康复机器人	下肢康复外骨骼辅助系统
旗瀚科技	医疗服务机器人	三宝智慧医疗服务机器人
Xenex	医疗服务机器人	脉冲氙气全光谱紫外消毒机器人

4. 健康管理

健康管理是变被动的疾病治疗为主动的自我健康监控，通过利用智能终端将物联网及人工智能技术广泛融合并应用于生活中，实现贯穿用户全生命周期的数据采集、监测、并对各项数据指标进行综合智能分析，服务于用户的健康管理，从而提高健康干预与管理能力，由"治已病"向"治未病"逐渐过渡，有效缓解医疗资源供需矛盾。目前，健康管理主要的应用范围包括疾病预防、慢病管理、运动管理、睡眠监测、母婴健康管理、老年人护理等。

（1）疾病预防

疾病预防是通过收集用户的饮食习惯、锻炼周期、服药习惯等个人生活信息，运用人工智能技术进行数据分析，对用户的健康状况进行量化评估，帮助用户更全面准确地了解身体状况，纠正不健康的行为习惯，从而提高自身免疫力的方法。例如，风险预测分析公司 Lumiata 的核心产品风险矩阵（Risk Matrix），能够为个人绘制患病风险随时间变化的轨迹，其核心引擎医疗图（Medical Graph）可以映射出当前和未来的个人健康轨迹，并提供详细的临床数据。

（2）慢病管理

慢病管理是在减轻医生工作的同时，保证患者病情在已知、可控的情况下进行病情判断和处理。通过分析语义，理解指令，替用户记录当日检测的指标、饮食摄入情况等。当患者的数据发生变化的时候，人工智能算法可以及时发现问题，邀请医师或者药师人工介入。例如，高血压管理系统可通过智能可穿戴设备（如智能手环），像常规血压仪套袖一样通过充气来读取血压数据，并自动传输血压数据到互联网云端，反馈给医生和患者本人，进行数据分析和数据存储，也能实时读取心率，并在夜间用户熟睡时实时监控血压心率，以便在用户出现高血压或中风风险前及时提醒用户。

（3）运动管理

运动管理是通过运动管理可穿戴设备（如夹在跑步短裤背面的可穿戴设备），使用传感器及其算法来捕捉运动数据，并通过人工智能算法来检测动作姿态的规范性和测量节奏的合理性。例如，深瞳视觉体能训练系统将应用到全国中小学体育课程教学和体育达标考试中，用于纠正学生的不科学、不规范、不安全的动作习惯，防止人身伤害情况的发生，并进一步提升青少年体育训练的质量。

（4）睡眠监测

睡眠监测是健康管理目前的重要方向，尚处于发展初期。例如，芬兰制造商 M3m 利用 BG（心脏穿刺心电图）来测量心脏和其他身体功能的机械活动，并可通过 iPhone 监控用户每日睡眠习惯，包括睡眠时间、休息心率、呼吸速率、需要多久才能够入睡、起床次数以及进入深度睡眠的总时间等。

（5）母婴健康管理

母婴健康管理涉及从母体健康到孕育新的生命，再到宝宝出生长大等方面，包括个人形体变化、心理情感变化、育儿技能，甚至还能解决各种复杂的家庭问题。例如，Owlet 无线智慧袜能够监测宝宝的健康和舒适度，记录宝宝的心率、血氧水平、睡眠质量、皮肤温度以及睡眠位置等信息，可在侦测到幼儿异常心率或血氧水平时通知父母。

（6）老年人护理

老年人护理系统主要针对老年人的养老生活，使家人可以远程了解老年人的状况，并在出现突发状况时及时进行救助。例如，老年人没有在往常的时间段进行作息，系统便会给家人发送短信，提醒家人进行电话询问。

5. 药物研发

新药研发具有研发周期长、研发费用高和研发风险大三大痛点。人工智能技术可作用于药物研发中的药物发现、临床前研究、临床试验、药品生产和销售推广 5 个阶段，主要应用于靶点发现、化合物合成、新适应证发现、化合物筛选、晶型预测、患者招募、优化临床试验设计、药品检查和学术推广九大场景。

目前，人工智能技术在药物研发中的应用如表 1-4 所示。

表 1-4 人工智能技术在药物研发中的应用一览表

药物阶段	应用环节	应用场景
药物发现	靶点发现	利用自然语言处理技术检索分析海量的文献、专利和临床试验报告等非结构化的数据库，找出潜在的、被忽视的通路，蛋白和机制等与疾病的相关性，从而提出新的可供测试的假说，以发现新机制和新靶点
	先导化合物研究和化合物筛选	利用机器学习（或深度学习）技术学习海量化学知识，建立高效的模型，快速过滤"低质量"化合物，聚合潜在有效分子
	化合物合成	利用机器学习（或深度学习）技术学习海量已知的化学反应，预测在任何单一步骤中可以使用的化学反应，解构所需分子，得到可用试剂
临床前研究	新适应证发现	借助计算机的深度学习能力和认知计算能力，将已上市或处于研发中的药物与疾病进行匹配，发现新靶点，扩大药物的治疗范围
	晶型预测	一种物质能以两种或两种以上不同的晶体结构存在的现象称为多晶型现象，晶型变化会改变固体化合物的物理及化学性质（如溶解度、稳定性、熔点等），导致药物在临床治疗、毒副作用、安全性方面的差异，会对药物研发造成干扰。可以利用认知计算实现高效动态配置药物晶型，预测小分子药效
临床试验	临床试验设计	利用自然语言处理技术检索过去临床试验中的成功和失败经验，优化临床试验方案
	患者招募	利用自然语言处理技术提取患者数据，为临床试验匹配相应患者
药品生产	药品检查	利用计算机视觉检测压花、重影、划痕、分层等缺陷
药品销售	学术推广	为药物及医疗器械企业、医生、患者提供全流程的智能医学创新服务

1.3.2 案例鉴赏：人工智能技术在智能出行领域的应用案例

1. 自动驾驶/辅助驾驶汽车

自动驾驶汽车又称无人驾驶汽车，它是一种通过计算机系统来实现无人驾驶的智能汽车。自动驾驶汽车主要依靠智能路径规划、计算机视觉以及全球定位系统等技术协同合作，使计算机可以自主安全地驾驶机动车辆。近年来，随着人工智能技术的高速发展，自动驾驶技术呈现出接近实用化的趋势，自动驾驶汽车也迎来了巨大的市场前景。目前的自动驾驶汽车可以提供两类驾驶模式：辅助驾驶模式和自动驾驶模式。其中，辅助驾驶模式依然需要由驾驶员来操控，但具备了自动泊车、紧急制动、定速巡航和车道保持等自动辅助性驾驶功能。自动驾驶模式则可以完全自主地完成各类自动功能而不需要驾驶员的操作，可以在一定程度上避免人为错误和不明智的判断。

2. 智能交通机器人

智能交通机器人是指用于替代交警在道路路口实地进行交通指挥的智能机器人，其利用人工智能技术来实时监控交通路口的交通状况，获取路口的交通信息，然后根据算法与辅助决策来进行道路交通指挥。同时，它也可以与路口交通信号灯系统实施对接联网匹配，通过对周围交通情况的分析来控制信号灯。此外，智能交通机器人也可以通过手臂指挥、灯光提示、语音警示、安全宣传等功能，有效提醒行人遵守交通法规，增强行人交通安全意识，降低交通警察的工作量。最后，智能交通机器人还可以通过图像识别技术来监测行人、非机动车的交通违法行为，并让行人和机动车及时意识到自己的交通违法行为，增强其交通安全意识。

3. 智能交通监控系统

智能交通监控系统是利用道路上的"电子眼"，通过图像检测和图像识别技术来分析各区域内道路交通情况，使得交通管理人员能够直接掌握道路车流量、道路堵塞以及道路交通信号灯等状况，并对信号灯配时进行智能化调整，或者通过其他方式来疏导交通，从而实现智能化的交通管理与调节，最终达到缓解交通堵塞的目的。此外，智能交通监控系统还应用于停车场、高速路口收费站、路口车辆抓拍等较为简单的监控设施。随着人工智能技术的完善，智能交通监控系统可以更好地配合交通管理，最终达到智能交通的效果。

4. 智能出行决策平台

智能出行是当前热门的民生话题，如何以最舒适、最便利、最高效的方式达到出行目的是每个人的期望。近年来，随着交通数据实时性与精确性的大幅提高，智能出行决策平台也逐渐走进了人们的视野，给人们的出行体验带来翻天覆地的变化。例如，各类地图服务产品能够提供智能路线规划、智能导航（驾车、乘车、步行、骑行）服务功能，与城市的交通部门和公共交通运营商合作来获取公共交通数据（道路车流量、实时公交等），通过大数据分析，在地图上显示道路交通状况，给用户提供更加完善的道路信息，并提供更加合理的出行决策；同时，还能为城市公共交通运力的投放提供技术支持，从而助力缓解城市的交通压力。

1.3.3　案例鉴赏：人工智能技术在智能制造领域的应用案例

1. 智能分拣

制造业有许多需要分拣的作业，如果采用人工作业，速度缓慢且成本高，而且还需要提供适宜的工作温度环境，如果采用智能分拣系统进行智能分拣，可以大幅降低成本，提高速度。

2. 生产设备健康管理

目前，利用预测性维护方案进行生产设备的运维管理已经逐步成为行业主流。一方面，可以利用特征分析和机器学习等技术开展预测性维护，对生产设备运行数据进行实时监测，可以在事故发生前进行设备的故障预测，减少非计划性停机。另一方面，面对设备的突发故障，能够迅速进行故障诊断，定位故障原因并提供相应的解决方案。

3. 产品及零部件表面缺陷检测

基于机器视觉的产品零部件表面缺陷检测应用在制造业已经较为常见。利用机器视觉可以在环境频繁变化的条件下，以毫秒为单位快速识别出产品表面更微小、更复杂的产品缺陷，并进行分类，如检测产品表面是否有污染物、表面损伤、裂缝等。目前已有工业智能企业将深度学习与三维显微镜结合，将缺陷检测精度提高到纳米级。对于检测出的有缺陷的产品，系统可以自动做可修复判定，并规划修复路径及方法，再由设备执行修复动作。

4. 智能决策

制造企业在产品质量、运营管理、能耗管理和刀具管理等方面，可以应用机器学习和深度学习等人工智能技术，结合大数据分析，优化调度方式，提升企业决策能力。

5. 数字孪生

数字孪生是指建立一个可以实时更新的、现场感极强的"虚拟"模型，该模型所有动作与真实的物理设备同步，且动作参数均来自物理设备本身。目前，在对数字孪生对象的降阶建模方面，可以把复杂性和非线性模型放到神经网络中，借助深度学习建立一个有限的目标，基于这个有限的目标进行降阶建模。

6. 云计算与边缘计算

随着工业物联网的快速发展，制造企业在生产线上投入了大量智能设备，使得云计算和边缘计算在智能制造领域的应用也逐渐成为热点。其中，云计算是分布式计算的一种，指的是通过网络"云"将巨大的数据计算处理程序分解成无数个小程序，然后通过多部服务器组成的系统处理和分析这些小程序，并将得到的结果返回给用户，其应用程序在服务器端发起。边缘计算是指在靠近物或数据源头的网络边缘侧，融合网络、计算、存储以及应用处理能力的分布式平台，就近提供智能服务，其应用程序在边缘侧发起。云计算强调计算和存储等能力从边缘端或桌面端集中到"云"端，而边缘计算则是将计算和存储等能力重新下沉到边缘端。

1.3.4　案例鉴赏：人工智能技术在智慧农业领域的应用案例

1. 智慧种植业

种植业是指利用植物的生活机能，通过人工培育以取得粮食、副食品、饲料和工业原料的社会生产部门，包括粮食作物、经济作物、蔬菜作物、绿肥作物、饲料作物、牧草和花卉等园艺作物的生产。在中国，通常指粮、棉、油、糖、麻、丝、烟、茶、果、药等作物的生产。

智慧种植业是新一代信息技术与种植业深度融合的产物，其中人工智能技术已逐步应用在种植业环境监测、土壤和气象监测、农产品溯源、病虫害监测、种植专家系统、智能农机管理和农业生产联动控制等领域。

2. 智慧林业

林业是指通过培育和保护森林以取得木材和其他林产品，利用林木的自然特性以发挥防护作用的社会生产部门。因为林业有着保护生态环境和保持生态平衡的重要功能，所以它是促进人口、经济、社会、环境和资源协调发展的基础性产业和社会公益事业。

智慧林业是基于数字林业和新一代信息技术发展起来的。在数字林业的基础上，智慧林业具有感知化、一体化、协同化、生态化、最优化的本质特征。智慧林业把林业看成一个有机联系的整体，运用智能感知技术、物联网技术、大数据、云计算和人工智能技术，使得这个整体运转得更智能、更高效，从而进一步提高林业产品的市场竞争力、林业资源发展的持续性以及林业能源利用的有效性。其中人工智能技术已逐步应用在生态环境保护、生态灾害防治等领域。

3. 智慧畜牧业

畜牧业是利用畜禽等已经被人类驯化的动物，或者鹿、麝、狐、貂、水獭、鹌鹑等野生动物的生理机能，通过人工饲养、繁殖，使其将牧草和饲料等植物能转变为动物能，以取得肉、蛋、奶、羊毛、山羊绒、皮张、蚕丝和药材等畜产品的社会生产部门。畜牧业有别于自给自足的家畜饲养，畜牧业的主要特点是集中化、规模化，并以营利为生产目的。

智慧畜牧业是新一代信息技术与畜牧业深度融合的产物。将畜牧兽医知识技术和畜牧产品市场信息数字化，运用智能感知技术、物联网技术、大数据、云计算和人工智能技术，使畜牧工作更智能、更高效，以便进一步提高畜牧业产品的市场竞争力。

其中人工智能技术已逐步应用在牲畜疾病预防、精准治疗、精准营养、安全防控和智能称重等领域。

4. 智慧渔业

渔业是指开发和利用水域，采集捕捞与人工养殖各种有经济价值的水生动植物，以取得水产品的社会生产部门。渔业按水域可分为海洋渔业和淡水渔业，按生产特性可分为养殖业和捕捞业。

智慧渔业是运用物联网、大数据、人工智能、卫星遥感、移动互联网等技术，深入开发和利用渔业信息资源，全面提高渔业综合生产力和经营管理效率的过程，是推进渔业供给侧结构性改革，加速渔业转型升级的重要手段和有效途径。其中人工智能技术已逐步应用在水产养殖、水产加工、水质分析、鱼情诊断、饲料配比和疾病预防等领域。

1.3.5　案例鉴赏：人工智能技术在智慧商业领域的应用案例

1. 智能客服机器人

智能客服机器人集成了语音识别、语义理解、知识图谱、深度学习等多项人工智能技术，能准确理解用户的意图或提问，再根据丰富的内容和海量知识图谱给予用户满意的回答。智能客服机器人具有以下两大优点。

（1）提高售前转化率

智能客服机器人在售前接待中，支持全渠道客服接入，并且可以及时与客户进行接触。在用户提出咨询的第一时间，智能客服机器人就会做出响应。在营销转化方面，智能客服机器人可以收集用户的浏览轨迹、访问渠道、点击率等，根据用户画像来为用户推荐差异化的产品，做到精准营销。

（2）降低售后客服成本

智能客服机器人在同一时间可以接待多位客户，做到快速应答，如果用户的问题不能通过智能客服机器人引导自助解决，则会转给人工客服，这样分流到人工客服的工作量就会大大减轻。通过对智能客服机器人知识库的不断优化，智能客服机器人可以处理的问题越来越多，同时人工客服在与客户交流时也可以得到智能客服机器人的辅助，比如推荐解决方案等。

2. 刷脸支付

刷脸支付利用了智能传感、人工智能和大数据等技术，是一种以人脸识别为核心的，具备更便捷、更安全、更好的体验等优势的新型支付方式。

其中，人脸识别技术是基于人的脸部特征，对输入的图像或者视频流，首先判断其是否存在人脸，如果存在人脸，则进一步给出每个人脸的位置、大小和各个主要面部器官的位置信息，然后依据这些信息，进一步提取每个人脸中所蕴含的身份特征，并将其与已知的人脸进行对比，从而识别每个人脸的身份。

人脸识别一般包括以下4个过程。

（1）人脸图像采集及检测

不同的人脸图像都能通过摄像镜头采集下来，如静态图像，动态图像，不同位置、不同表情的图像等都可以得到很好的采集。当用户在采集设备的拍摄范围内时，采集设备会自动搜索并拍摄用户的人脸图像，然后通过人脸检测将人脸的位置和大小在拍摄的图像中准确标定出来。

（2）人脸图像预处理

预处理是对人脸检测的结果进行光线补偿、灰度变换、直方图均衡化、归一化、几何校正、滤波以及锐化等的处理过程。因为原始图像会受到各种条件的限制和随机干扰，往往不能直接使用，所以必须在图像预处理阶段对其进行灰度校正、噪声过滤等操作。

（3）人脸图像特征提取

人脸识别技术可使用的人脸图像特征通常分为视觉特征、像素统计特征、人脸图像变换系数特征、人脸图像代数特征等。人脸图像特征提取就是对人脸特征进行提取建模的过程。人脸图像特征提取的方法归纳起来分为两大类：一种是基于知识的表征方法；另一种是基于代数特征或统计学习的表征方法。

（4）人脸图像匹配与识别

人脸图像匹配是将提取的人脸图像特征数据与数据库中存储的特征模板进行搜索匹配，通过设定一个阈值，当相似度超过这一阈值时，则把匹配得到的结果输出。人脸图像识别就是将待识别的人脸特征与已得到的人脸特征模板进行比较，根据相似程度对人脸的身份信息进行判断。这一过程又分为两类：一类是确认，是一对一进行图像比较的过程；另一类是辨认，是一对多进行图像匹配对比的过程。

3．无人仓

无人仓是现代信息技术应用在商业领域的创新。无人仓的主要应用领域包括以下几个方面。

1）劳动密集型且生产波动比较明显的行业：如电商仓储物流，对物流时效性要求不断提高，受限于企业用工成本的上升，尤其是临时用工的难度加大，采用无人仓能够有效提高作业效率，降低企业整体成本。

2）劳动强度比较大或劳动环境恶劣的行业：如港口物流、化工企业，采用无人仓能够有效降低操作风险，提高作业安全性。

3）物流用地成本相对较高的企业：如城市中心地带的快消品批发中心，采用无人仓能够有效提高土地利用率，降低仓储成本。

4）作业流程标准化程度较高的行业：如烟草、汽配行业，采用无人仓更易于衔接标准化的仓储作业流程，实现自动化作业。

5）对于管理精细化要求比较高的行业：如医药、精密仪器行业，采用无人仓可以实现更加精准的库存管理。

设立无人仓的目标是实现入库、存储、拣选、出库等仓库作业流程的无人化操作。这就需要仓储系统具备自主识别货物、自主追踪货物流动、自主指挥设备执行任务、无须人工干预等条件；此外，该系统还要有一个"智慧大脑"，用于对传感器感知的海量数据进行分析，精准预测未来的情况，自主决策后协调智能设备运转，根据任务执行反馈的信息并及时调整策略，形成对作业的闭环控制，即具备智能感知、实时分析、精准预测、自主决策、自动控制、自主学习的特征。

当前应用于无人仓的典型存储设备有自动化立体库；典型搬运设备有输送线、AGV、穿梭车、类 Kiva 机器人、无人叉车等；典型拣选设备有机械臂、分拣机等；典型包装设备有自动称重复核机、自动包装机、自动贴标机等。得益于计算机视觉、智能定位及导航等人工智能技术，无人仓中的搬运机器人、分拣机器人、无人叉车等一系列物流机器人均可对无人仓内的物流作业实现自我感知、自我学习、自我决策、自我执行，实现更高效的自动一体化。

人工智能技术基于历史消费数据，通过深度学习、宽度学习等算法，可建立库存需求量预测模型，用于检测以往的数据并预测未来的数据，形成一个智能仓储需求预测系统，以实现系统根据实际数据自主生成最佳的订货方案，实现对库存水平的实时调整。同时，随着订单数据的不断增多，预测结果的灵敏性与准确性也能够得到进一步提高，使企业在保持高物流服务水平的同时，还能降低库存成本。

1.3.6 训练实操：基于"微脉"的医疗服务、微信出行服务、百度拍照识商品、"设备管理"设备点检与设备报修应用

1. 基于"微脉"的医疗服务

微脉是国内服务于公立医院的"互联网+"医疗健康服务平台，可以向用户提供签约医院的预约挂号、报告查询、家庭健康档案查询、个性化的健康管理等服务，优势是不需要关注不同医院的微信公众号，也不必费时费力地排队挂号。

下面是"微脉"APP 基于签约医院的挂号服务的操作步骤。

步骤一：在应用市场下载"微脉"APP 并安装。

步骤二：设置手机定位，打开"微脉"APP。

步骤三：点击"切换医院"按钮，会出现当地签约医院，选择需要就诊的医院。

步骤四：选择"预约挂号""在线缴费""查报告"等服务方式即可。

2. 基于微信出行的智慧支付服务

公共交通的智能化革新正深刻改变着市民的出行方式。如今，无论是穿梭于繁华街巷的公交车，还是深入地下脉络的地铁，很多城市都已实现了乘车二维码的便捷支付。而支付宝、微信的出行服务不仅提升了本地人的出行效率，更为城市游客、差旅人员等带来了极大便利。

下面是使用微信出行服务乘坐地铁的操作步骤。

步骤一：设置手机定位。

步骤二：依次选择"微信→我→服务→出行服务"，如图 1-69 所示，选择"公交地铁"，如图 1-70 所示，生成乘车码，选择"地铁"，如图 1-71 所示。

图 1-69　选择"出行服务"　图 1-70　选择"公交地铁"　图 1-71　乘车码（已模糊处理）

步骤三：乘坐地铁时，在闸机口打开乘车码进行扫码；出站时，再打开乘车码进行扫码。出行服务会根据乘坐的站数自动计费扣费。

3. 基于"设备管理系统"APP 的智能制造服务

设备管理系统是非常通用的管理信息系统，是连接企业内部各生产部门的桥梁与纽带，主要包括设备资产及技术管理、设备文档管理、设备缺陷及事故管理、预防性维修、工单的生成与跟踪等功能。设备管理系统可以有效地管理设备资源、维护设备的正常运转，从而提高工作效率，因而被广泛应用于智能制造企业。

下面介绍"设备管理系统"APP 的设备点检与设备报修功能的操作步骤（操作界面为企业真实账号登录）。

步骤一：在应用市场下载"设备管理系统"APP 并安装、登录，登录成功后个人信息界面如图 1-72 所示。

步骤二：在底部点击"工作台"，进入工作台界面，如图 1-73 所示，用户可以看到系统有巡检计划、巡检整改、设备点检、设备维修等功能。

步骤三：根据用户需求，选择相应的功能，如需要上报设备点检信息，则点击"设备点检"右侧的扫码图标扫描设备二维码（注：不同工作岗位设备不同，二维码也不同），如图 1-74 所示。扫码成功后，上报设备状态如"正常"，如图 1-75 所示，点击"提交"按钮，即可上传设备点检状态，设备点检状态上传成功后界面如图 1-76 所示。

步骤四：若工作中设备需要维修，则点击"设备维修"右侧的扫码图标，扫描设备二维码，进入"添加设备维修"界面，填报设备故障现象如"设备报警"，如图 1-77 所示，点击"提交"按钮，完成设备报修程序。

图 1-72 个人信息界面

图 1-73 工作台界面

图 1-74 设备二维码

图 1-75 上报设备状态

图 1-76 设备点检上传成功后界面

图 1-77 "添加设备维修"界面

4. 基于百度APP的拍照识商品

拍照识万物可以通过手机上的百度 APP 或下载专门的拍照识万物应用程序实现。这些应用程序主要是利用智能大数据、图像识别和深度学习算法对图像进行处理、分析和理解，以识别出图像中的信息。

例如，在教育领域，学生可以通过拍照识别来辅助学习，快速获取知识点的相关信息。在旅游领域，游客可以通过拍照识别来了解历史文物背后的故事和文化内涵。在电商领域，消费者可以通过拍照识别来搜索并购买商品。

下面是使用百度APP的拍照识商品的操作步骤。

步骤一：设置百度使用相机权限。

步骤二：选择百度相机。打开百度APP进入主页面后，点击右上角的相机图标。

步骤三：选择"商品"。按"拍照"按钮，如图1-78所示。

步骤四：识别。比对商品图库进行智能识别，如图1-79所示。

图1-78　商品拍照

图1-79　智能识别商品

思政苑

人工智能技术助力"天问一号"成功登陆火星

2020年7月23日，"天问一号"探测器踏上前往火星的旅程，中国在探索遥远火星、放眼浩瀚宇宙的路途上踏出了关键的一步，如图1-80所示。

图 1-80　"天问一号"科学探测阶段效果图

在登陆火星的过程中，人工智能技术发挥了重要的作用。例如，"天问一号"中配置了光学智能导航，通过对恒星背景和火星的高精度成像，可以分析出探测器自身的飞行姿态、位置与速度，从而实现即使在没有地面信号时，也可以自主导航飞向火星。由于火星环境有河流、三角洲、悬崖、沙丘、巨石和陨石坑等，登陆过程十分危险，"天问一号"配置了摄像头，在降落到着陆地点时，可以拍摄一张或多张图像，通过人工智能技术与探测器内地形图进行匹配，可以使其自主选择安全着陆点；人工智能技术还允许地球上的科学家远程瞄准和控制探测器的摄像头，让其选择某块岩石进行研究。火星与地球通信存在信号延迟，导致地面指挥中心无法对探测器进行实时控制，而且当太阳、探测器、地球处于一条直线时，通信会中断，该现象称为"日凌"现象。为了确保"天问一号"能够安全度过日凌期，在日凌期，地面指挥中心会将"天问一号"设置成自主管理模式，直到探测器与地面通信重新连接，再开始火星探测。

■■■■■■■■■■■■■■■■■■　讨论与思考　■■■■■■■■■■■■■■■■■■

1. 判断题

（1）智慧医疗系统由智慧医院系统、区域卫生系统和家庭健康系统 3 部分组成。
　　　　　　　　　　　　　　　　　　　　　　　　　　　　　　　　　（　　）

（2）门诊医生工作站是一个按门诊流程，围绕着医生的诊疗行为而设计开发的信息系统。　　　　　　　　　　　　　　　　　　　　　　　　　　　　　（　　）

（3）公共卫生系统一般由卫生监督管理系统和疫情发布控制系统组成。　（　　）

（4）家庭健康系统是最贴近居民的健康保障，主要包括视讯医疗、远程照护、健康监测、智能服药系统等。　　　　　　　　　　　　　　　　　　　　　（　　）

（5）智能出行也称智能交通，是智慧城市的一个重要构成部分。（　　）

（6）先进公共交通系统（APTS）是一个面向公众提供公共自行车、地铁、公交车、出租车等城市公共交通运输车辆实时运行信息服务的系统。（　　）

（7）电子收费系统（ETCS）是一种高效、便捷的路桥收费方式。（　　）

（8）智能制造源于对人工智能的研究。（　　）

（9）广义的智能制造包括智能制造技术和智能制造系统两部分。（　　）

（10）实时定位系统主要用于企业园区内的资产跟踪、人员跟踪、物流跟踪等。

（　　）

（11）信息物理融合系统又被称为"虚拟网络-实体物理"生产系统。（　　）

（12）打通 ERP 系统与 MES 的数据流是生产过程数字化的基础。（　　）

（13）分布式控制系统的英文简写是 DCS。（　　）

（14）云计算强调计算和存储等能力从边缘端或桌面端集中到"云"端，而边缘计算则是将计算和存储等能力重新下沉到边缘端。（　　）

（15）农业包括种植业、林业、畜牧业、渔业和副业 5 种产业形式。（　　）

（16）基于物联网的农业感知技术是实现智慧农业精细化生产和自动化生产的基础。

（　　）

（17）基于大数据及云平台的农业分析技术是开展智慧农业生产的驱动要素。

（　　）

（18）基于人工智能的农业决策技术是智慧农业的发展保障，也是智慧农业未来发展的重要方向。（　　）

（19）人工神经网络具备机器学习能力，能够根据检测到的当地气候指数和水文气象观测数据选择最佳灌溉规划策略。（　　）

（20）利用"智慧水利"信息化管理平台可以集合区域内水利工程基础数据及运行管理数据，实现水利工程运行维护全过程管理。（　　）

（21）VR 和 AR 技术都是实现网上购物场景化的重要手段。（　　）

（22）移动支付已成为广大民众获取基础性金融服务的重要渠道。（　　）

（23）区块链有利于降低支付成本和提高效率，能有效防范交易对手间的信用风险和由此带来的系统性风险。（　　）

（24）在征信环节，建立基于人工智能技术的消费信用评级模型，有利于打造全地域、智能化的征信体系。（　　）

（25）智能客服机器人集成了语音识别、语义理解、知识图谱、深度学习等多项人工智能技术。（　　）

2. 选择题

（1）人工智能+语音电子病历主要利用了（　　）和语音识别领域的研究成果。
    A. 自然语言处理　　　　　B. 机器视觉　　　　　C. 导航定位

（2）人工智能+影像诊断主要利用了（　　）和图像识别领域的研究成果。
    A. 自然语言处理　　　　　B. 机器视觉　　　　　C. 导航定位

（3）根据医疗机器人的不同功能，可将其分为手术机器人、非手术诊疗机器人、
（　　）和医疗服务机器人四大类。

    A. 特种机器人　　　　　　　B. 空间机器人　　　　　　C. 康复机器人

（4）目前，人工智能+健康管理主要的应用范围有（　　）、慢病管理、运动管理、
睡眠监测、母婴健康管理、老年人护理等。

    A. 疾病预防　　　　　　　　B. 疾病筛查　　　　　　　C. 疾病治疗

（5）人工智能技术可作用于药物研发中的（　　）、临床前研究、临床试验、药品
生产和销售推广 5 个阶段。

    A. 药物发现　　　　　　　　B. 靶点发现　　　　　　　C. 药物筛选

（6）智能交通系统（ITS）不包括（　　）子系统。

    A. AVGS　　　　　　　　　　B. MES　　　　　　　　　C. ETC

（7）电子地图也称为（　　），是利用计算机技术，以数字方式存储和查阅的地图。

    A. 数字地图　　　　　　　　B. 谷歌地图　　　　　　　C. 百度地图

（8）电子地图的数据一般包含（　　）数据、卫星影像数据、三维数据和街景数据
4 部分。

    A. 地形底图数据　　　　　　B. 二维地图数据　　　　　C. 地理底图数据

（9）路况信息也称为（　　）。

    A. 实时路况　　　　　　　　B. 实时交通状况信息　　　C. 实时道路信息

（10）正射影像数据可以理解为卫星从高空（　　）地面所拍摄的照片。

    A. 鸟瞰　　　　　　　　　　B. 俯瞰　　　　　　　　　C. 垂直俯瞰

（11）交通三维数据不包括（　　）数据。

    A. 假三维数据　　　　　　　B. 二维拔高数据　　　　　C. 真三维数据

（12）街景数据不包括（　　）数据。

    A. 全息影像　　　　　　　　B. 街景　　　　　　　　　C. 360°实景

（13）目前，制造业所利用的常用识别技术不包括（　　）技术。

    A. 射频识别　　　　　　　　B. 三维图像识别　　　　　C. 生物识别

（14）成熟的智能工厂网络安全体系不需要包括应对（　　）安全防范问题的子系统。

    A. 传统信息　　　　　　　　B. 工控网络　　　　　　　C. 互联网络

（15）智能制造系统应用包含自组织性、（　　）、虚拟现实性和人机一体化等特点。

    A. 自主性　　　　　　　　　B. 自由性　　　　　　　　C. 自律性

（16）属于无线距离通信技术的是（　　）。

    A. Wi-Fi　　　　　　　　　　B. 5G　　　　　　　　　　C. WIAPA

（17）属于蜂窝无线通信技术的是（　　）。

    A. RFID　　　　　　　　　　B. ZigBee　　　　　　　　C. 4G

（18）农业数据不包括（　　）数据。

    A. 水资源　　　　　　　　　B. 气象资源　　　　　　　C. 矿产资源

（19）在种子检测过程中，可以利用图像分析以及（　　）算法等非破坏性的方法
对种子进行准确评估。

  A. 信息网络   B. 神经网络   C. 工控网络

（20）在作物生长管理过程中，可以利用机器学习以及（ ）算法建立科学的预测模型及管理方案，用于指导农业生产。

  A. 专家系统   B. 计算机视觉   C. 深度学习

（21）农林道路数字化建设内容不包括（ ）。

  A. 农产品信息平台 B. 交通地理信息云平台 C. 农村业务子系统

（22）下列属于智能农业装备的是（ ）。

  A. 拖拉机   B. 收割机   C. 农业无人机

（23）（ ）是将宽度不等的多个黑条和白条按照一定的编码规则排列，用以表达一组信息的图形标识符。

  A. 一维条码   B. 二维条码   C. 多维条码

（24）下列不属于识别仪器的是（ ）。

  A. 扫描枪   B. 射频读卡器   C. 光电笔

（25）下列不属于个人身份鉴定生物识别技术的是（ ）。

  A. 掌静脉识别   B. 指纹识别   C. 血型鉴定

（26）人脸识别一般包括人脸图像采集及检测、（ ）、人脸图像特征提取和人脸图像匹配与识别 4 个过程。

  A. 人脸图像二值化处理 B. 人脸图像预处理 C. 人脸图像锐化处理

（27）当前，智能客服机器人一般利用（ ）方式与客户交流。

  A. 陈述   B. 问答   C. 说明

（28）下列不属于无人仓中常用典型智能装备的是（ ）。

  A. 叉车   B. AGV   C. 类 Kiva 机器人

项目 2

初识人工智能

学习指导

学习目标 ☞

- 了解人工智能发展的历史；
- 了解人工智能的定义；
- 了解人工智能的发展方向和研究领域的划分；
- 了解人工智能、机器学习与深度学习之间的关系；
- 了解人工智能的前沿技术；
- 了解生成式人工智能、基础模型、大模型和大语言模型；
- 通过案例欣赏，使学生了解从原始社会到信息化社会的智能演变，激发学生的创新意识和探索精神；
- 掌握使用大模型"kimi智能助手"生成论文大纲的方法；
- 通过欣赏"非物质文化遗产之提线木偶"中木偶栩栩如生的表演，培养学生匠心精神、传承创新的理念。

■ 2.1 项目描述

在计算机出现之前，人们就幻想着有一种机器或者程序可以实现人类的思维，可以帮助人类解决问题，甚至比人类有更高的智力。这些年来，得益于人工智能这门计算机科学分支的螺旋式发展，如今这种设想已逐渐成为现实，比如线上购物有电商智能购物推荐，自动辅助驾驶也发展到 L3 等级（在特定的环境下可以独立完成操作驾驶）等。回顾人工智能 60 多年的发展历史，人工智能已在机器人、语音识别、图形识别、自然语言处理和专家系统等各个研究领域实现了广泛而成熟的应用。本项目将以人工智能发展历史作为切入点，重点介绍人工智能研究领域的划分、发展方向等相关知识（如人工智能、机器学习与深度学习之间的关系等），以便读者了解人工智能的基本概念及发展史，并熟悉人工智能的基本术语。

■ 2.2 知识准备

2.2.1 人工智能溯源与发展史

从 20 世纪 50 年代开始，众多程序员和不同学科的科学家就加入了人工智能领域的研究，从不同角度帮助和巩固了当代人类对人工智能思想的整体理解。虽然人工智能在发展过程中出现过几次寒冬期，但随着科技进步和经济环境的改善，历史进步的车轮不断推动着人工智能从一个无法实现的幻想变为现实。

人工智能的历史

1. 起源及第一个小高潮（20 世纪 50 年代后半期～20 世纪 60 年代）

早在 2500 年前，《列子·汤问》中记载了"偃师献技"的寓言故事，描绘了西周时期一名名叫偃师的匠人，其技艺精湛，以皮革、木头、树脂、漆以及白垩、黑炭、丹砂等材料，制作出一个形似真人的人偶，并将其献给穆王。这个人偶外貌栩栩如生，像真人一样疾走缓行，俯仰自如，能歌善舞，歌声婉转悠扬，舞步符合节拍，其动作千变万化，而且还有思想感情，可以假乱真。

"偃师献技"的寓言故事，可追溯为中国古代最早的人工智能思想起源。

1943 年，美国心理学家沃伦·麦卡洛克（Warren McCulloch）和数理逻辑学家沃尔特·皮茨（Walter Pitts）提出了人工神经网络的概念，并给出了人工神经元的数学模型，从而开创了人工神经网络研究的时代。

1950 年，英国数学家、密码专家和数字计算机的奠基人艾伦·图灵（Alan Turing）发表了一篇划时代的论文《计算机器与智能》，预言了创造出具有真正智能的机器的可能性，并就"智能"给出了定义：如果一台机器在与人类的对话中，能够表现出与人类相似的智能水平，使得测试者无法区分对话对象是人类还是机器，那么这台机器就可以被认为具有智能。他的这一思想奠定了人工智能的基础，图灵也被称为"人工智能之父"。

图 2-1　列子与偃师献技

图灵测试的实现方法是，测试者提出问题，然后将问题以纯文本的形式（如通过计算机屏幕和键盘）发送给另一个房间中的一个人和一台机器；测试者根据他们的回答来判断哪一个是真人，哪一个是机器；参与测试的人或机器要被分开。图灵测试的测试时长通常为 5 分钟，如果机器能回答由人类测试者提出的一系列问题，并且其超过 30%的回答让测试者误认为是人类所答，则机器通过测试。1966 年，美国计算机协会设立了"图灵奖"，这被看成是计算机界的"诺贝尔奖"。图灵与图灵测试如图 2-2 所示。

图 2-2　图灵与图灵测试示意图

1956 年 8 月，在美国汉诺斯小镇宁静的达特茅斯学院中，约翰·麦卡锡（John McCarthy）、马文·明斯基（Marvin Minsky，人工智能与认知学专家）、克劳德·香农（Claude Shannon，信息论的创始人）、赫伯特·西蒙（Herbert Simon，司马贺，美籍诺贝尔经济学奖得主）、艾伦·纽厄尔（Allen Newell，计算机科学家）等科学家聚在一起，讨论用机器来模仿人类学习以及其他方面的智能，如图 2-3 所示。他们讨论了很久，始终没有达成共识，却为讨论内容起了一个名字——人工智能。自此，人工智能开始进入人们的视野，1956 年也就成为人工智能元年。

达特茅斯会议之后，人工智能获得了井喷式发展，好消息接踵而至。1955～1964

—

年，人工智能进入快速发展时期，在机器学习领域出现了"跳棋程序"，该程序在 1959 年打败了它的设计师亚瑟·塞缪尔（Arthur Samuel），随后在 1962 年，打败了当时全美最强的西洋跳棋选手之一罗伯特·尼雷（Robert Nealey）。在模式识别领域，1956 年，奥利弗·塞尔弗里奇（Oliver Selfridge）研发了第一个字符识别程序，开辟了模式识别这一新领域。在此基础上，1963 年詹姆斯·斯拉格（James Slagle）发表了符号积分程序 SAINT，1967 年 SAINT 的升级版 SIN 就达到了专家级水准。在此期间，美国政府也投入了 2000 万美元资金作为机器翻译的科研经费。当年，参加达特茅斯会议的专家们纷纷发表言论，不出十年，计算机将成为世界象棋冠军，可以证明数学定理，谱写优美的音乐，并且在 2000 年就可以超越人类。

图 2-3　达特茅斯会议参会学者

1957 年，美国康奈尔大学的心理学家和计算机科学家弗兰克·罗森布拉特（Frank Rosenblatt），在一台 IBM-704 计算机上模拟实现了一种叫"感知机（Perceptron）"的神经网络模型。弗兰克·罗森布拉特和他的感知机如图 2-4 所示。

图 2-4　弗兰克·罗森布拉特和他的感知机

1958 年，约翰·麦卡锡（见图 2-5）正式发布了他自己开发的人工智能编程语言——LISP（LIST PROCESSING，意思是"表处理"）。后来的很多知名 AI 程序都是基于 LISP 开发的。

图 2-5　约翰·麦卡锡

1964～1966 年，美国麻省理工学院的约瑟夫·魏泽鲍姆（Joseph Weizenbaum）发布了世界上第一个聊天机器人——ELIZA。

ELIZA 的名字源于萧伯纳戏剧作品《卖花女》中的主角名。在这部剧中，男主希金斯教女主伊莉莎如何得体地说话。ELIZA 的程序代码约在 200 行左右，执行过程中，ELIZA 会根据提问的内容分析找到关键词和短语，将某些"关键词"巧妙地编排出合适的"对应词"，再返回给谈话人，借此满足提问者内心预期听到的答案，进而给人一种 ELIZA 能够流露真情实感的错觉，达成让提问者认为对话对象是真人的目的。

ELIZA 可以说是现在 Siri、小爱同学等问答交互工具的鼻祖。约瑟夫·魏泽鲍姆与 ELIZA 如图 2-6 所示。

图 2-6　约瑟夫·魏泽鲍姆（坐者）正在与 ELIZA 对话

1966 年，查尔斯·罗森（Charles Rosen）领导的美国斯坦福研究所研发成功了首台人工智能机器人——Shakey。Shakey 全面应用了人工智能技术，装备了电子摄像机、三角测距仪、碰撞传感器以及驱动电机，能简单解决感知、运动规划和控制问题。它是第一个通用移动机器人，也被称为"第一个电子人"。查尔斯·罗森与 Shakey 如图 2-7 所示。

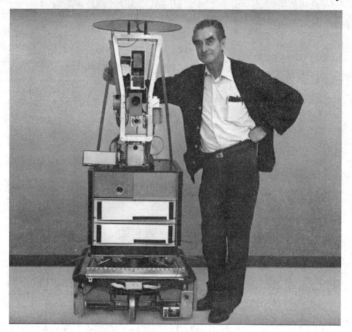

图 2-7　查尔斯·罗森与 Shakey

1968 年，美国科学家爱德华·费根鲍姆（Edward Feigenbaum）提出了第一个专家系统——DENDRAL，并对知识库给出了初步的定义。这标志着专家系统的诞生。

DENDRAL 面向的是化学行业，它可以帮助化学家判断物质的分子结构。系统推出之后，因为能够减少人力成本并且提升工作效率，受到了化学行业的欢迎和认可。

专家系统，就是一个面向专业领域的超级"知识库+推理库"。该系统通过整理和分析大量专家知识与经验，编写出海量规则并导入系统。随后，系统依据这些规则进行逻辑推理，模拟并延伸人类专家的决策能力，从而解决复杂问题。专家系统如图 2-8 所示。

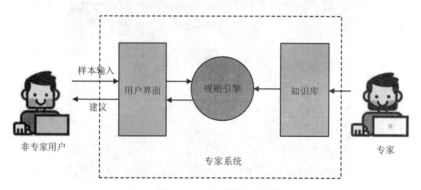

图 2-8　专家系统示意图

1972 年，美国医生兼科学家爱德华·肖特利夫（Edward Shortliffe）创建了可以帮助进行医学诊断的专家系统——MYCIN。MYCIN 拥有 500 多条规则，能够识别 51 种病菌，正确地处理 23 种抗菌素。它能够协助医生诊断、治疗细菌感染性血液病，为患者提供最佳处方。当时，它成功地处理了数百个病例，并通过了严格的测试，显示出了较高的医疗水平。

这两套系统都采用了约翰·麦卡锡的 LISP 语言开发。

2. 第一次寒冬（20 世纪 70 年代）

人工智能迎来一个小高潮之后，质疑的声音也随之到来，研究者们发现人们对人工智能程序要求太高了，加之当时计算机的计算能力和存储能力尚处于早期阶段，处理速度不足以解决实际的问题，人工智能系统达不到预期的效果。如亚瑟·塞缪尔设计的"跳棋程序"停留在了战胜州冠军；而当时美国政府投入的 2000 多万美元作研究经费的机器翻译领域一直无法突破自然语言理解，翻译工具经常出现一些低级错误。例如，将"Out of sight, out of mind（眼不见，心不烦）"翻译成"又瞎又疯"；把"The spirit is willing but the flesh is weak（心有余而力不足）"翻译成"酒是好的，但肉变质了"；把"Time flies like an arrow（光阴似箭）"翻译成"苍蝇喜欢箭"等。

1966 年美国公布了一份名为"语言与机器"的报告，全盘否定了机器翻译的可行性。1969 年，马文·明斯基发表言论，称第一代神经网络（感知机 Perceptron）并不能学习任何问题。

1973 年，英国数学家詹姆斯·莱特希尔（James Lighthill）向英国政府提交了一份关于人工智能的研究报告（著名的《莱特希尔报告》）。报告对当时的机器人技术、语言处理技术和图像识别技术进行了严厉且猛烈的批评，指出人工智能那些看上去宏伟的目标根本无法实现，研究已经彻底失败。很快，英国政府、美国国防部高级研究计划局和美国国家科学委员会等，开始大幅削减甚至终止了对人工智能的投资。在 20 世纪 70 年代，人工智能经历了将近十年的寒冬时期。

3. 繁荣后再一次寒冬（20 世纪 80 年代）

直到 20 世纪 80 年代，人工智能才进入第二次发展高潮。

1980 年，卡内基梅隆大学为日本 DEC 公司设计的 Xcon 专家规则系统（其具备 2500 条规则，专门用于选配计算机配件，可以避免常识问题）可以为该公司一年节省数千万美金，Xcon 专家系统如图 2-9 所示。

1981 年，日本政府拨款 8.5 亿美元支持人工智能计算机（第 5 代计算机）的研究，主要研究包括能够与人交流、翻译语言、理解图像、像人一样进行推理演绎的机器。

1983 年，通用电气公司研究出了柴油电力机车维修专家系统（DELTA）。它封装了众多资深现场服务工程师的知识和经验，能够指导员工进行故障检修和维护。

1983 年，美国国防部高级研究计划局通过"战略计算促进会（Strategic Computing Initiative）"，重启对人工智能研究的资助。同年，英国投资 3.5 亿英镑，启动了 Alvey（阿尔维）计划，全面推进软件工程、人机接口、智能系统和超大规模集成电路等领域的研发。

图 2-9　卡内基梅隆大学为 DEC 公司设计的 Xcon 专家系统

1984 年，美国启动了 CYC 项目。CYC 取自英文单词百科全书（encyclopedia），目标是将人类有史以来所有的知识建立一个知识库，输送给机器看。知识库里不仅包括狭义上的知识，还包括概念、事实、表示、方法、比喻以及启发。如，知识"我们摔了一跤是因为受到重力的作用"；常识"我们摔了一跤会疼"。当时项目负责人雷纳特的规划是输入 25 万条常识到 CYC 中，大约需要 35 个程序员连续工作 10 年。程序员们每天把五花八门的知识编成机器语言输入计算机，即通过人力给计算机做一个维基百科。

但是随后人们发现，专家系统的能力来自于它们存储的专业知识，通用性较差，未与概率论、神经网络进行整合，不具备自学能力，并且维护专家系统的规则越来越复杂。日本政府设定的第 5 代计算机的研究目标并未实现。与此同时，专家系统还需要配备专门的人工智能硬件，价格昂贵。人们对专家系统的热情追捧逐渐转变为巨大的失望。

这个时候，个人计算机开始流行起来。1975 年，市面上出现了一款名为"牛郎星"的计算机。1976 年 4 月，苹果一号（见图 2-10）计算机推向了市场。苹果计算机的用户不用去学编程语言，即可直接上手使用，因此受到用户的广泛欢迎。到了 1987 年，苹果和 IBM 公司生产的台式机在性能上已经超过了 AI 计算机，这导致 AI 硬件市场需求急剧下降。

随后互联网的兴起更是如虎添翼，它成为一种新的最佳媒介，颠覆了很多传统行业，带来了各种新的商业模式，并引来风险基金的投资。

与烦琐复杂的专家系统相比，互联网软件在网页上运行，对普通用户来说，更容易也更便宜。用户除了软件本身，不需要知道别的，实在搞不懂的地方，可以找专业人员来维护，而且它不受地域的限制，在任何地方都可以使用。

于是，政府投入人工智能的研究经费开始下降，人工智能研究领域再次遭遇了财政困难，人工智能发展进入第二次寒冬。

图 2-10　苹果一号

4. 第一次算力和算法爆发（90 年代中期～21 世纪初期）

20 世纪 90 年代，在摩尔定律的规律下，计算机算力性能不断取得突破，英特尔的处理器每 18～24 个月，晶体管体积就可以缩小一半，同样体积上的集成电路密集度相应增长 1 倍，计算机的处理运算能力也随之翻倍。1989 年，贝尔实验室的杨立坤通过 CNN 实现了人工智能识别手写文字编码数字图像。1992 年，苹果公司的李开复利用统计学方法设计了可支持连续语音识别的 Casper 语音助理（Siri 的前身）。1997 年，IBM 的国际象棋机器人深蓝战胜国际象棋冠军卡斯帕罗夫（人工智能第一次真正意义上战胜人类），如图 2-11 所示。同年，两位德国科学家提出了 LSTM（long short-term memory，长短期记忆）网络，这是一种可用于语音识别和手写文字识别的递归神经网络。

图 2-11　深蓝计算机对战卡斯帕罗夫

5. 三驾马车聚齐：人工智能发展进入快车道（21 世纪初期至今）

直到 2006 年，人工智能进入快速发展阶段。同年，杰弗里·辛顿（Geoffrey Hilton）发表了 *learning of multiple layers of representation*，奠定了当代神经网络的全新架构。2007 年，还在斯坦福大学任教的华裔女科学家李飞飞发起了 ImageNet 项目，这是一个用于视觉对象识别软件研究的大型可视化数据库，拥有超过 1400 万幅图像，涵盖 2 万多个标注类别的图像数据集，是当时世界上最大的图像识别数据集。2009 年，ImageNet 正式发布。2016 年，AlphaGo 横空出世，战胜了人类顶尖围棋选手，如图 2-12 所示。

AlphaGo 具有很强的自我学习能力，能够搜集大量围棋对弈数据和名人棋谱进行学习，并模仿人类下棋。

图 2-12　AlphaGo 与李世石对决

2017 年，美国印度裔计算机科学家阿西什（Ashish Vaswani）等发表了里程碑式论文 *Attention Is All You Need*，提出了一种全新的深度学习模型——Transformer。这是一种基于自注意力机制的神经网络架构，主要用于解决机器翻译等自然语言处理任务。它通过跟踪序列数据中的关系（如一句话中的字词与句中其他字词的关系）来学习上下文，从而理解语句的含义，极大地提高了模型的训练效率。

2018 年，Google 发布 Cloud AutoML，这是一个能自主设计深度神经网络的人工智能网络；美国人工智能研究实验室 OpenAI 基于 Transformer 网络搭建了 GPT-1 模型，GPT 全名是生成式预训练 Transformer 模型 (Generative Pre-training Transformer)。GPT-1 模型使用海量没有标注的语料预训练出一个语言模型，然后对语言模型进行微调，应用于特定的语言环境中。

2019 年，OpenAI 发布了 GPT-2；2020 年，发布了 GPT-3；2022 年，发布了 GPT-3.5，同年 11 月底，发布了基于 GPT-3.5 的 ChatGPT。ChatGPT 展示出通用的语言能力，可以实现知识问答、数学推理、文学创作、代码编写、资料整理、语言翻译、角色扮演等各种广泛的语言处理能力。ChatGPT 图标如图 2-13 所示。

图 2-13　ChatGPT 图标

ChatGPT 发布后，以其惊人的速度迅速吸引了大量用户，展现出了强大的市场吸引力。在推出两个月后，ChatGPT 的月活跃用户数量更是飙升至 1 亿，创造了历史纪录，成为历史上用户增长速度最快的消费级应用程序，这一成就不仅彰显了 ChatGPT 的巨大影响力，也凸显了生成式人工智能技术的巨大潜力。

此后，ChatGPT 的更新动态成为了生成式人工智能领域的风向标，吸引了无数人的关注。每一次更新迭代都牵动着整个行业的神经，引领着生成式人工智能技术的发展方向。在 ChatGPT 的引领下，生成式人工智能技术不断取得突破，为人类带来了前所未有的智能体验。

2023 年 3 月，OpenAI 发布了 GPT-4，这是第一个大规模的多模态模型，可以接受图像和文本输入，产生文本输出或图像输出，在文学、医学、法律、数学、物理和程序设计等不同领域表现出很高的熟练程度，它的各方面能力已全面超越 ChatGPT。GPT-4发布会如图 2-14 所示。

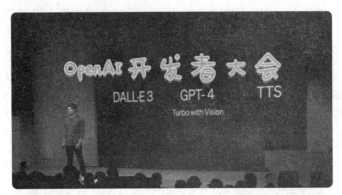

图 2-14　GPT-4 发布会

随着生成式人工智能技术的迅猛发展，我国各大企业纷纷入局。2023 年 3 月 16 日，百度率先发布"文心一言"，打响了国内大模型发布的第一枪。随后，华为、阿里巴巴、商汤、360 等众多知名企业也纷纷跟进，加入到这场大模型的竞争中。2024 年 1 月，深度求索发布的 DeepSeek LLM，能理解人类说的话，还能回答问题；DeepSeek-Coder 能帮助人们写代码，就像一个编程小助手，随后陆续发布了一系列版本。

2024 年 2 月，OpenAI 发布了文生视频大模型 Sora，其可以根据用户的文本提示生成具有多个角色、包含特定运动的复杂场景的最长 60 秒的视频。Sora 不仅能理解用户在提示中提出的要求，还了解这些物体在物理世界中的存在方式，可以深度模拟真实物理世界，标志着人工智能在理解真实世界场景并与之互动的能力方面实现了飞跃。Sora根据文本生成视频中图片示例如图 2-15 所示。

图 2-15　Sora 根据文本生成视频中图片示例

2024 年 4 月，OpenAI 发布了 GPT-4 Turbo。在上下文对话长度方面，GPT-4 最大只能支持 8K Token（单词近似值）的上下文长度（约等于 6000 个单词），而 GPT-4 Turbo则具有 128K Token 的上下文长度；在模型控制方面，GPT-4 Turbo 采用全新模型控制技术，使开发者可以更精细地调整模型输出，提升用户体验；在知识库更新方面，GPT-4 Turbo 的现实世界知识截止时间是 2023 年 4 月，而 GPT-4 的截止时间为 2021 年 9 月。

2024 年 5 月，OpenAI 发布了 GPT-4o。GPT-4o 中的"o"代表 Omni，即全能的意思，凸显了其多功能的特性，它可以实时对音频、视觉和文本进行推理，并生成文本、音频和图像的任意组合输出；同时，新模型提高了速度和质量，并能够读取人的情绪，是迈向更自然人机交互的一步。

在 GPT-4o 之前，用户使用语音模式与 ChatGPT 对话时，音频在输入时由于处理方式的问题会丢失大量信息，让 GPT-4 无法直接观察音调、说话的人和背景噪音，也无法输出笑声、歌唱声和表达情感。GPT-4o 可以在 232 毫秒内对音频输入做出反应，与人类在对话中的反应时间相近。GPT-4o 的展示视频中演示了机器人能够从急促的喘气声中理解"紧张"的含义，并指导与之对话的人进行深呼吸，还可以根据用户要求变换语调。GPT-4o 展示视频中情感分析示例如图 2-16 所示。

图 2-16　GPT-4o 展示视频中情感分析示例

2024 年 9 月，OpenAI 发布了 o1 模型。新模型经过训练，学会完善自身思维过程并尝试不同策略，能认识到自己的错误。新系列模型更新后的性能类似于博士生在物理、化学、生物学中完成具挑战性的基准任务。新系列模型还在数据和编码方面表现出色，在国际数学奥林匹克竞赛（IMO）的资格考试中得分 83%，对比之下 GPT-4o 仅正确解决了 13%的问题。新系列模型还在竞争性编程问题 Codeforces 比赛中排名前 89%。

随着 5G 时代的到来和智能手机的大规模普及，移动互联网极速发展，催生了涵盖人们生活和工作各个方面的各种应用，这些应用产生了海量的数据，为神经网络的训练和迭代提供了丰富的"养料"——海量的数据。同时，物联网的兴起以及支持分布式计算（边缘计算）的传感器的广泛部署，进一步推动了数据的指数级增长。

2.2.2　人工智能层次

1. 人工智能发展层次

人工智能发展可以分为 3 个层次，即运算智能、感知智能和认知智能。

（1）运算智能

运算智能，即快速计算和记忆存储的能力。通常指基于清晰规则的

人工智能的发展层次

数值运算，如数值加减、微积分、矩阵分解等。得益于计算机运算速度和存储容量的与日俱增，运算智能给互联网、金融、工业等多个领域带来产业价值。1996 年，IBM 的深蓝计算机战胜了当时国际象棋冠军卡斯帕罗夫，这一事件标志着人类在强运算型场景下的计算能力已经不如机器算力了。然而，运算智能也面临显著困境。以金融场景为例，运算智能受限于指定的数据逻辑规则，虽然运算智能可以高性能地计算股票的统计特征，但无法运用专家知识，也难以进行深度、动态和启发式的推理，对投资等业务贡献的价值有限。运算智能所需的高性能硬件和网络支持等，也给企业带来了巨大的成本压力。

（2）感知智能

感知智能，即视觉、听觉、触觉等感知能力。感知智能是指将物理世界的信号通过摄像头、麦克风或者其他传感器的硬件设备，借助语音识别、图像识别等前沿技术，映射到数字世界，再将这些数字信息进一步提升至可以认知的层次，如记忆、理解、规划、决策等。自动驾驶汽车，就是通过激光雷达等感知设备和人工智能算法来实现感知智能的。人脸识别、语音识别等也是感知智能；机器在感知智能方面比人类还有优势。不管是 Big Dog（美国运输机器狗）这样的感知机器人，还是自动驾驶汽车，因为充分利用了深度神经网络和大数据的成果，在感知智能方面已经越来越接近人类。自动驾驶智能感知如图 2-17 所示。

图 2-17　自动驾驶智能感知

（3）认知智能

认知智能，通俗讲是"能理解，会思考"。从特征来看，其具有人类思维理解、知识共享、行动协同等特征。从能力来看，首先，需要具有对采集的信息进行处理、存储和转化的能力，在这一阶段需要运用计算智能、感知智能的数据清洗、图像识别能力。其次，需要拥有对业务需求的理解及对分散数据、知识的治理能力。最后，需要能够针对业务场景进行策略构建和决策，提升人与机器、人与人、人与业务的协同、共享等能力。

2. 人工智能程度划分

按照人工智能发展程度和应用范围，可以将人工智能划分为弱人工智能、强人工智能和超人工智能 3 个等级，如图 2-18 所示。其中，弱人工智能也称限制领域人工智能或应用型人工智能，指的是专注于且只能

人工智能的发展程度

解决特定领域问题的人工智能。强人工智能则是通用人工智能或完全人工智能，指的是可以胜任人类所有工作的人工智能，人类可以做什么，强人工智能就可以做什么。显而易见，在强人工智能的基础上，如果在单个或多个领域都远超人类的智能，那么这种智能就可以称为超人工智能。当前，市面上能看到的人工智能应用还处于弱人工智能的范畴，虽然人工智能依靠机器学习和深度学习技术取得了快速进展，但存在依赖大规模标注数据进行监督训练的问题，要实现真正的强人工智能，人工智能应用还需要掌握大量的常识性知识，以人的思维模式和知识结构来进行语言理解、视觉场景解析和决策分析等。

图 2-18   智能程度范畴

2.2.3   人工智能与计算机科学

1. 人工智能的定义

人工智能按照名词可以拆分为"人工"和"智能"两个部分。

通常来说，"人工"一词的意思是合成的，即人造的。一部分人认为，人造物体的品质不如自然物体。实际情况是，人造物体通常优于自然物体，比如，蜡烛、电灯泡产生的人造光相比较只有白天才具有的太阳光，人造光可以随时提供光源。另一部分人则认为，人造物体的品质必然优

人工智能的定义

于自然物体，比如人工交通装备（如火车、汽车、飞机和自行车等）与跑步、步行及其他自然形式的交通（如骑马）相比，在速度和耐久等方面具有巨大的优势，但也有显著的缺点，如使用过程中会带来尾气污染等问题。由此可知，人工智能是人造的，并且也具有两面性。

"智能"对人们来说是一个既熟悉又陌生的词汇。熟悉的是，智能天天发生在我们身边；陌生的是，如何来准确地定义它和衡量它。2016 年，由"走向智能丛书"的创始策划编委胡虎、赵敏、宁振波等九位专家合作撰写的《三体智能革命》一书指出，智能本质是一切生命系统对自然规律的感应、认知与运用。2018 年，工业和信息化部原副部长、北京大学教授杨学山在其所撰写的《智能原理》一书中也对智能进行了描述：智能是主体适应、改变、选择环境的各种行为能力。

因此，对于人工智能的定义，本书采用《人工智能：一种现代的方法（第 3 版）》中对人工智能的解释，像人一样思考的系统，像人一样行动的系统，理性思考的系统，理性行动的系统，如图 2-19 所示。这里"行动"应广义地理解为采取行动或制定行动的决策，而不是肢体动作。

理性思考的系统
像人一样思考的系统
- 自主学习
- 推理演算
- 人工意识
- 知识表达

理性行动的系统
像人一样行动的系统
- 语音识别
- 图像识别
- 运动控制
- 环境感知

图 2-19　人工智能的定义

2. 人工智能研究学派和研究领域划分

首先人工智能既是计算机科学的一个分支，又是一个融合了多种学科的交叉学科，随着不同学科背景的研究人员对人工智能的研究，基于各自理论的认知，产生了三大主流学派，如图 2-20 所示。传统的人工智能研究被称为符号主义学派，符号主义主要研究的是基于逻辑推理的智能模拟方法；而一些人则认为可通过模拟大脑的神经网络结构来实现人工智能，即连接主义学派；此外，还有人认为可以从生物体与环境互动的模式中寻找答案，被称为行为主义学派。

人工智能研究学派和研究领域

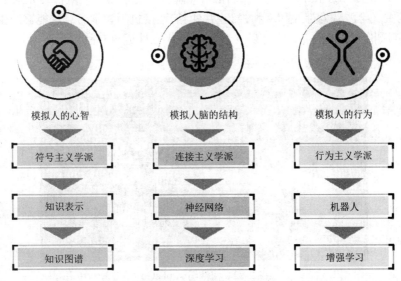

模拟人的心智　　　　模拟人脑的结构　　　　模拟人的行为

符号主义学派　　　　连接主义学派　　　　行为主义学派

知识表示　　　　　　神经网络　　　　　　机器人

知识图谱　　　　　　深度学习　　　　　　增强学习

图 2-20　人工智能三大学派

（1）符号主义学派

符号主义学派认为任何能够将某些模式或符号进行操作并转化成另外一些模式或符号的系统就可能产生智能行为，其实质就是模拟人脑的抽象逻辑思维，并通过某种符号来描述人类的认知过程，从而实现人工智能。符号主义主要集中在人类智能的高级行为，如知识表示、知识图谱等。其代表人物有约翰·麦卡锡、艾伦·纽厄尔、司马贺等，代表性成果有打败国际象棋世界冠军卡斯帕罗夫的 IBM 超级计算机——"深蓝"，如图 2-21 所示。

图 2-21　卡斯帕罗夫与"深蓝"

符号主义学派至今仍是人工智能的主流派别，目前主要集中于研究人类智能的高级行为，如推理、规划、知识表示等。

（2）连接主义学派

连接主义学派认为每个人的大脑都有万亿个神经元细胞，它们错综复杂地互相连接，也被认为是人类智慧的来源。因此，人们很自然地想到能否通过大量神经元来模拟大脑的智力。连接主义学派认为神经网络和神经网络间的连接机制和学习算法能够产生智能。其代表人物有沃伦·麦卡洛克、沃尔特·皮茨等，代表性成果有战胜世界围棋高手柯洁的 AlphaGo。柯洁与 AlphaGo 如图 2-22 所示。

图 2-22　柯洁与 AlphaGo

连接主义学派的深度学习、强化学习技术已应用于图像识别，语音识别，智能推荐等多方面。

（3）行为主义学派

行为主义学派的出发点与其他两个学派完全不同，该学派研究的是一种基于感知行动的行为智能模拟方法。该学派认为行为是个体用于适应环境变化的各种身体反应的组合，它的理论目标在于预见和控制行为。其代表人物有罗德尼·布鲁克斯（Rodney Brooks）等，著名研究成果有美国波士顿动力公司研制开发的四足机器人"大狗"（见图 2-23）。

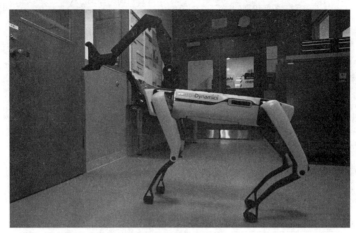

图 2-23 四足机器人

在各学派学者的研究下，划分了图搜索、自动推理、不确定性推理、符号学习、知识工程、神经计算、进化计算、免疫计算、蚁群计算、归纳学习、模式识别、统计学习、深度学习、计算机视觉、语音识别、自然语言处理、图像识别共 17 个人工智能研究领域，如图 2-24 所示。

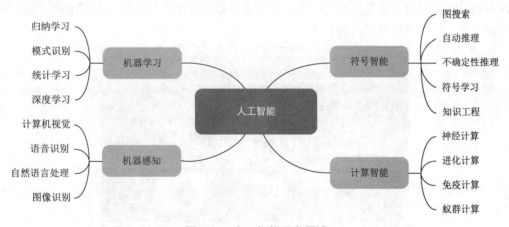

图 2-24 人工智能研究领域

根据技术的独立性特征，人工智能的 17 个研究领域可以进一步归纳为以知识工程、计算机视觉、语音识别、自然语言处理、深度学习为核心的 5 个人工智能关键技术，以及图搜索、自动推理、不确定性推理、符号学习、神经计算、进化计算、免疫计算、蚁群计算、归纳学习、模式识别、统计学习、图像识别共 12 个人工智能外延技术，如图 2-25 所示。

图 2-25　人工智能研究领域归纳

3. 人工智能、机器学习与深度学习之间的关系

机器学习的思想是让机器自动地从大量的数据中学习出规律，并利用该规律对未知的数据做出预测。在机器学习的算法中，深度学习是特指利用深度神经网络的结构完成训练和预测的算法。人工智能、机器学习和深度学习的关系如图 2-26 所示。从图中可以看出，深度学习是机器学习的子类。可以说机器学习是一种实现人工智能的方法，深度学习是一种实现机器学习的技术。

图 2-26　人工智能、机器学习和深度学习的关系

（1）机器学习和深度学习具体是如何工作的

以人脸识别为例，传统的机器学习在确定了相应的面部特征，如眼睛、鼻子、嘴等之后，才能基于这些特征做进一步的分类处理；而深度学习可以通过多层神经网络结构，将底层特征（low-level features）逐步"进化成"人能看懂的、能理解的高层特征（high-level features），从而实现自动找出分类问题所需的重要特征。基于深度学习的人脸识别步

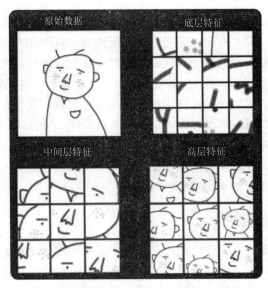

图 2-27　基于深度学习的人脸识别步骤

骤如图 2-27 所示。第一步输入的是原始数据（raw data），这个数据机器是没法理解的。于是，深度学习首先尽可能找到与这个头像相关的各种边，这些边就是底层特征；然后对这些底层特征进行组合，就可以看到鼻子、眼睛、耳朵等，它们是中间层特征（mid-level features）；最后对鼻子、眼睛、耳朵等进行组合，就可以组成各种各样的头像，也就是高层特征。这个时候就可以识别出各种人的头像了。

（2）机器学习与深度学习的区别

机器学习与深度学习的区别可以从数据、硬件、特征和运行时间等几个维度进行分析。

首先是数据依赖，随着数据量的增加，二者的表现有很大区别。深度学习适合处理大数据，而当数据量比较小的时候，用机器学习更加合适。机器学习和深度学习的数据处理效果对比如图 2-28 所示。

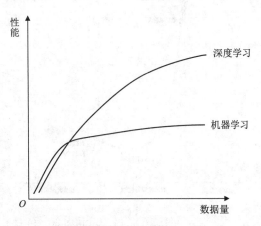

图 2-28　数据处理效果对比

其次是硬件依赖，深度学习十分依赖高端的硬件设施，因为计算量实在太大。深度学习会涉及很多矩阵运算，因此很多深度学习要求有 GPU（图形处理器，专门为矩阵运算而设计的）参与运算。相比之下，机器学习对硬件配置没有很高的要求，传统的机器学习算法可以运行在低端的设备上，依靠计算机 CPU 就可以完成模型的训练。

再次是特征工程，简单讲就是在训练一个模型的时候，需要首先确定哪些特征。在机器学习中，几乎所有特征都需要人为确认后再进行手工特征编码，而深度学习则试图自己从数据中学习特征。

最后是运行时间，深度学习需要花大量时间来训练，因为有太多参数要去学习。机器学习一般几秒钟、最多几小时就可以训练好。

2.2.4 人工智能技术前沿概述

经过几轮发展浪潮，人工智能在过去十年中基本实现了感知能力。随着大模型技术在近年来的逐渐成熟，人工智能领域迎来了重大突破。如今，具备推理、可解释性和认知能力的人工智能已成为现实。借助人工智能，人们能够利用文字、图片、音频、视频等多种素材生成高质量的内容。这不仅激发了人们对人工智能的极大兴趣，也促使政府等相关机构加大对人工智能的投资，掀起了新一轮的投资热潮。

根据 Gartner 2024 年人工智能技术成熟度曲线图显示（见图 2-29），2024 年人工智能技术成熟度曲线中共有 29 项决定人工智能领域发展方向的前沿和趋势性技术，并对其成熟度进行了评估，这些技术基本处于技术萌芽期、期望膨胀期和泡沫破裂低谷期，其中有 15 项技术需要 2～5 年才能达到成熟期，有 9 项技术需要 5～10 年才能达到成熟期。而在稳步爬升复苏期和生产成熟期出现的技术有 4 项，即自动驾驶汽车、知识图谱、智能应用和计算机视觉。

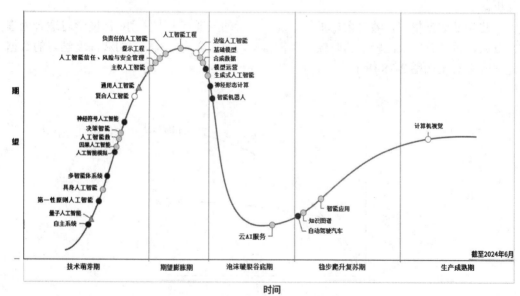

图 2-29　Gartner 2024 年人工智能技术成熟度曲线图

通过对 2024 年人工智能技术成熟度曲线分析，并结合人工智能的发展现状，以下重点介绍生成式人工智能、基础模型、大模型、大语言模型、神经形态计算和智能机器人（知识图谱将在项目 3 中介绍，计算机视觉将在项目 6 中介绍）。

1. 生成式人工智能

生成式人工智能（generative artificial intelligence，AIGC）是一种人工智能系统，能够根据已经学习的内容生成新的内容。该系统通过从现有的内容中学习（学习数据的概率分布和内在规律）来建立模型，这一过程称为训练。当用户输入提示词时，生成式人工智能会利用已建立的模型来预测答案或生成新的内容（如文本、照片、视频、动画、代码、数据和 3D 模型等），以回答用户的问题。生成式人工智能的技术基础包括深度学习、概率模型、生成对抗网络等。深度学习为生成式人工智能提供了强大的特征提取和表示能力；概率模型则用于描述数据的概率分布和生成过程；生成对抗网络则通过引入对抗性训练来优化生成模型的性能，使其能够生成更真实、更多样的数据。其工作过程包括数据收集与预处理、模型训练和生成数据。

（1）生成式人工智能的发展阶段

1）启蒙阶段（代表作见图 2-30）。

1950 年，"图灵测试"的提出预示了人工智能内容生成的可能性，这是生成式人工智能领域的一个里程碑。

1957 年，世界上第一首完全由计算机"作曲"的音乐作品《Illiac Suite》诞生了。

1964~1966 年，世界上第一款人机对话机器人 Eliza 诞生了，它通过关键字扫描和重组完成交互任务。

20 世纪 80 年代中期，IBM 公司创造了语音打字机 Tangora。

图 2-30　生成式人工智能启蒙阶段代表作

2）发展阶段（代表作见图 2-31）。

随着互联网的发展，数据规模快速膨胀，为人工智能算法提供了海量训练数据。由于硬件发展水平的限制，此时生成式人工智能的发展并不迅猛。

2007 年，纽约大学的人工智能系统撰写了小说 *1 The Road*，这是世界第一部完全由人工智能创作的小说。

2012 年，微软发布了全自动同声传译系统，可以自动将英文演讲者的内容通过语音识别、语言翻译、语音合成等技术生成中文语音。

图 2-31　生成式人工智能发展阶段代表作

3）井喷式发展阶段（代表作见图 2-32）。

2014 年，生成对抗网络的提出标志着生成式人工智能的关键突破。在生成对抗网络中，有两个网络进行对抗训练：一个是判别网络，目标是尽量准确地判断一个样本是来自于真实数据还是由生成网络产生的；另一个是生成网络，目标是尽量生成判别网络无法区分来源的样本。这两个目标相反的网络不断地进行交替训练。当最后收敛时，如果判别网络再也无法判断出一个样本的来源，也就等价于生成网络可以生成符合真实数据分布的样本。

生成对抗网络通过生成网络和判别网络的对抗训练，生成高度真实的图像、视频、文本和音频，是现代生成式人工智能的重要模型之一。

2017 年，Transformer 网络架构和自注意力机制提出，是生成式人工智能的重要突破。自注意力机制能够让模型在处理输入数据时理解字词之间的相互关系，而不是只关注字词与相邻字词的关系，从而提高模型在长序列数据处理方面的能力。Transformer 可以一次性地处理一个完整的序列，比如一句话、一个段落或是一篇完整的文章，并分析其中的每个部分而不只是单个词语。这样，模型就能捕捉到更多的上下文信息，从而让生成式人工智能拥有更强大的语言处理和生成能力，能更准确地翻译或生成文本。

2017 年，微软人工智能少女"小冰"推出了世界首部 100%由人工智能创作的诗集《阳光失了玻璃窗》。

2018 年，OpenAI 发布了 GPT 模型，通过大规模数据的预训练和自回归生成能力，推动了自然语言生成的显著进展。

2019 年，谷歌 DeepMind 团队发布了 DVD-GAN 架构用以生成连续视频。

2020 年，OpenAI 发布 GPT-3，这标志着自然语言处理和生成式人工智能领域的一个重要里程碑。

2021 年，OpenAI 推出了 Dall-E，主要应用于文本与图像的交互生成内容。

自 2022 年起至今，OpenAI 多次推出 ChatGPT 新型号，引发了生成式人工智能领域的又一轮高潮。这些新型号能够理解和生成自然语言，并与人类进行复杂的对话。

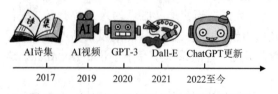

图 2-32　生成式人工智能井喷阶段代表作

（2）生成式人工智能的训练方式

生成式人工智能的训练方式有两种，即预训练和有监督微调。

预训练是指将一个大型、通用的数据集作为知识喂给人工智能进行初步学习。经过预训练的模型叫作"基础模型"，它对每个领域都有所了解，但是无法成为某个领域的专家。

有监督微调是指在预训练之后，将一个特定任务的数据集喂给人工智能，进一步训练模型。例如，在已经预训练的语言模型基础上，用专门的医学文本来微调模型，使其更擅长处理医学相关的问答或文本生成任务。

（3）生成式人工智能的类型及应用场景

1）文本到文本生成模型：旨在接收一个文本输入，并生成一个相关的文本输出。这种模型可用于机器翻译、文本摘要、对话生成、故事生成等任务。生成模型可以学习从输入到输出的映射关系，以生成具有语义和语法正确性的新文本。

常见应用场景如下。

·机器翻译：将一种语言的文本翻译成另一种语言。

·文本摘要：从长篇文本中生成简洁的摘要或概括。

·对话生成：生成自然流畅的对话，可用于虚拟助手或聊天机器人。

·故事生成：自动生成连贯、有趣的故事或叙述。

2）文本到视频或三维生成模型：接收一个文本输入，并生成相应的视频或三维模型输出。这种模型可以用于视频生成、场景合成、三维模型生成等任务。生成模型可以学习从文本描述到视频序列或三维模型的转换过程，生成与文本描述相符的动态视频或立体模型。

常见应用场景如下。

·视频生成：根据文本描述生成与之相符的动态视频。

·场景合成：根据文本描述生成三维场景或虚拟现实体验。

·三维模型生成：根据文本描述生成具有特定属性或形状的三维模型。

3）文本到任务生成模型：旨在根据文本输入执行特定任务。这些模型可以接收自然语言指令或问题，并生成相应的任务执行结果。例如，问答生成模型可以接收问题，并生成相应的答案；代码生成模型可以接收自然语言描述，并生成相应的代码实现。这种模型能够将文本指令转化为任务执行的具体操作。

常见应用场景如下。

·问答生成：根据问题生成相应的答案或解决方案。

·代码生成：将自然语言描述转化为代码实现。

·指令执行：根据自然语言指令执行特定的任务，如图像处理、数据操作等。

目前备受大家喜爱的"AI搜索"就属于生成式人工智能应用。例如，用户输入"AI搜索是生成式人工智能应用吗？"AI搜索通过深度学习和自然语言处理等技术，识别关键词"AI搜索""生成式人工智能""应用"，通过词法分析、句法分析和语义理解等技术，准确把握用户的需求意图，再进行精准搜索，生成问题的答案，为用户提供高效、便捷的搜索体验。而传统搜索引擎是按关键字搜索，返回的结果是一串链接，而不是直接给出答案，需要用户打开链接后阅读相关内容，再找到其中的答案。AI搜索与传统关键字搜索对比如图2-33所示。

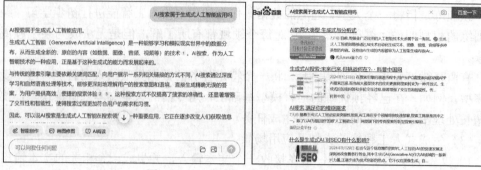

图 2-33　AI 搜索与传统搜索对比示例

在内容创作方面，生成式人工智能的应用尤为突出。新闻机构可以利用生成式人工智能辅助记者撰写新闻报道，提高写作效率和质量，使报道更加客观准确。自由创作者、营销人员等使用生成式人工智能丰富文案的创意内容。例如，使用提示词"帮我生成一篇小红书的种草文案，主题为生成式人工智能。文案需要包含标题和正文，需要使用丰富的 emoji 和活泼的语气，最后带相关性强的 tag。"生成的小红书文案如图 2-34 所示。

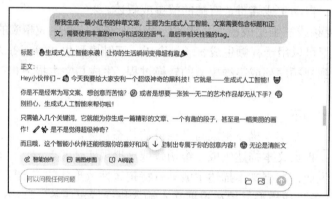

图 2-34　生成式人工智能文案撰写示例

在工业制造领域，生成式人工智能通过对生产过程中数据的实时监测和分析，可以发现生产流程中的瓶颈和问题，并提出优化建议，提高生产效率和产品质量。例如，通过分析生产线上的设备运行数据，预测设备的故障和维护需求，提前进行维护，减少设备停机时间。据 Gartner 预测：到 2026 年，超过 80%的企业将使用生成式人工智能的 API（应用程序编程接口）或模型，或在生产环境中部署支持生成式人工智能的应用，而在 2023 年初，这一比例还不到 5%。

在软件开发与服务领域，据 Gartner 预测：到 2027 年，生成式 AI 将在软件工程和运维领域掀起一场革命，不仅将催生大量的新工作岗位，还将促使 80%的软件工程师进行技能提升。

随着多模态生成技术的进一步提升，生成式人工智能将能够更加自然地理解并生成文字、图像、视频和音频，为创意产业提供无限的可能性。未来，生成式人工智能或将成为重要的创新工具，辅助人类解决复杂问题、推动知识发现、拓展艺术表现，塑造出一个更具创造性的智能化世界。

尽管生成式人工智能为众多行业带来了新的发展机遇，但其迅猛发展也引发了一系列社会问题，主要集中在社会治安、隐私保护、工作取代等方面。例如，在 2023 年法国骚乱期间，通过生成式人工智能生成的虚假新闻图片在社交媒体上迅速传播，其中一张被广泛传播的图片显示一座法国地标性建筑在暴力事件中被烧毁殆尽。尽管这张图片是由生成式人工智能生成的虚假内容，但在未被辟谣期间还是引发了大量公众的恐慌。

隐私保护问题是生成式人工智能带来的另一个严峻挑战。生成式人工智能模型的训练通常依赖于大量数据，其中包括用户的个人信息甚至隐私信息。数据泄露或被不当使用的风险使得个人隐私受到了极大的威胁。我国出台了《个人信息保护法》来规范数据的使用，但在生成式人工智能极速发展的背景下，个人数据泄露的风险依然存在。

生成式人工智能对就业市场的冲击正逐渐显现。它通过自动化生产内容、设计和分析，已经在新闻编辑、广告设计、客户服务等领域部分取代了人类工作。

2. 基础模型

基础模型（foundation model）是一种通过大规模数据预训练的通用模型，具有广泛的适用性，可以将其理解为"万能基础工具"，就像一个小朋友刚开始学画画，先学会画圆形、方形等简单形状，再组合成小猫、小狗等图画，这些基础形状和绘画技巧就是"基础模型"。它通过大量数据训练，掌握了处理各种任务的基本能力，可应用于多个领域，如自然语言处理（翻译、摘要生成）、计算机视觉（图像分类、目标检测）以及多模态任务（结合图像和文本的生成与理解）。

典型代表：OpenAI 的 GPT 系列、Google 的 BERT、T5 等。

基础模型可以是生成式的（如 GPT），也可以是判别式的（如 BERT）。

3. 大模型与 DeepSeek

（1）大模型

大模型（large model）是一种参数量非常庞大的人工智能模型，通常包含数十亿甚至数千亿个参数。这些参数类似于人脑的"神经元"，让模型能够理解和处理极其复杂的信息。像人类大脑通过学习和经验变得越来越聪明一样，大模型通过分析大量的数据（比如互联网上的文本、图像、视频等）来获得知识和技能，如识别物体、理解语言、生成图片，甚至解决复杂的科学问题。

譬如，有一个超级大的图书馆，里面有无数的书，大模型就像是这个图书馆，它通过阅读大量的书籍（数据），学会了各种知识，比如语言、数学、科学等。因为知识库非常庞大，所以它可以解决很多复杂的问题，比如翻译、写作、图像识别等。

典型的大模型：GPT-3（1750 亿参数）、PaLM（5400 亿参数）、DeepSeek-V3（6710 亿参数）。

大模型通常是基础模型的一种，但基础模型不一定都是大模型（如，某些小型基础模型也可以用于特定任务）。

（2）Deep Seek：人工智能领域的新突破

DeepSeek 是由中国团队开发的一款人工智能大模型，于 2024 年 12 月 26 日推出首个版本 DeepSeek-V3 并开源。该模型在多项评测中超越了阿里的 Qwen2.5-72B、Meta 的 Llama-3.1 405B 等开源模型，并逼近 GPT-4o、Claude-3.5-Sonnet 等顶尖闭源模型。

DeepSeek 具备高效处理大规模数据、自然语言处理、智能对话和文本生成等功能，支持多模态输入（如文本、图像、音频），能够完成图像描述生成和音频文本转换等复杂任务。其技术亮点如下。

1）混合专家架构：通过多个"专家"模块分工处理特定任务或数据类型，提高效率。

2）多头潜在注意力机制：显著降低推理成本，如 DeepSeek-V3 的训练成本仅 557.6 万美元，远低于 GPT-4 的数十亿美元。

3）完全开源：开发者可免费获取代码和模型结构，进行二次开发和优化。

DeepSeek 在多个领域展现出广阔的应用前景，举例如下。

1）智能客服与机器人领域：理解用户意图，生成自然流畅的回复。

2）AI 辅助编程领域：理解代码语法和语义，生成高质量代码片段，提升开发效率。

3）教育领域：扫描试卷、标注薄弱知识点、生成定制练习题，提高教学效率，促进教育资源公平分配。

4）医疗领域：协助医生进行疾病诊断，提高诊断准确性和效率。

5）金融领域：帮助金融机构进行风险评估和智能投顾。

DeepSeek 网页版界面如图 2-35 所示，DeepSeek 对话界面如图 2-36 所示。

图 2-35　DeepSeek 网页版界面

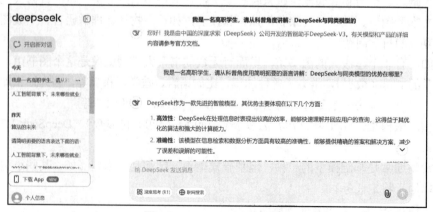

图 2-36　DeepSeek 对话界面

DeepSeek 的开源策略降低了 AI 技术门槛，推动了 AI 技术的普及和相关技术的发展。其支持本地部署，确保数据存储在自有设备上，不经过第三方服务器，提升了数据的安全性和隐私保护。

DeepSeek 的出现打破了传统 AI 大模型市场格局，提升了开源模型的地位，与闭源模型形成激烈竞争。它展示了中国在人工智能领域的强大创新能力，为全球 AI 技术发展提供了新方向。

4. 大语言模型

大语言模型（large language model，LLM）是使用大规模数据和强大计算能力训练出来的人工智能模型，是生成式人工智能的应用之一，也是大模型的一个子集。它通过学习大量文本数据，理解语言的语法、语义和逻辑结构，从而生成连贯、自然的文本内容，如文章、故事、对话等，还可以为图像、音频、视频等其他模态的生成提供支持。

深度学习算法、神经网络架构、注意力机制等生成式人工智能关键技术，让大语言模型更好地学习和理解语言数据，提高生成文本的质量和准确性。

OpenAI 的 GPT 系列（如 GPT-3、ChatGPT）、谷歌的 BERT 及其变体、Facebook 的 RoBERTa、阿里巴巴的通义千问、百度的文心一言、科大讯飞的星火、月之暗面的 Kimi、字节跳动的豆包、深度求索的 DeepSeek 系列等是大语言模型领域的重要成员。

大语言模型的主要应用领域如下。

自然语言处理：文本分类、情感分析、机器翻译。

对话系统：智能客服、聊天机器人。

内容创作：自动写作、摘要生成。

搜索引擎优化：智能搜索、推荐系统。

用户通过提示词与大语言模型交互，提示词的质量直接影响模型的输出质量和效果。例如，使用提示词"一个亚洲男孩，干净清爽的短发，穿着红色球衣，在雨夜踢足球的场景"，通过豆包"图像生成"，可以生成相应的图像。提示词、用户与大语言模型之间的关系如图 2-37 所示。

图 2-37　提示词、用户与大语言模型

下面是使用提示词"一个亚洲男孩，干净清爽的短发，穿着红色球衣，在雨夜踢足球的场景"，通过豆包"图像生成"的示例，如图2-38所示。

图 2-38　豆包"图像生成"示例

大语言模型推动了生成式人工智能的发展，使其在文本生成、机器翻译、文本摘要、情感分析等方面的应用显著提升。研究人员基于大语言模型开发了众多创新应用和服务，如智能写作助手、虚拟主播、智能客服等，拓宽了生成式人工智能的应用范围。

然而，尽管大语言模型能够生成连贯的文本，但其对语言的理解主要基于模式识别，而非真正的"理解"，这可能导致模型无法捕捉词句背后的意义或因果逻辑。此外，大语言模型可能受到训练数据中偏见的影响，从而生成歧视性或不道德的信息，引发伦理争议。因此，在使用大语言模型时，我们需要保持辩证思维，充分认识到其局限性，并谨慎对待其生成的内容。

生成式人工智能、基础模型、大模型、大语言模型之间的关系如图2-39所示。

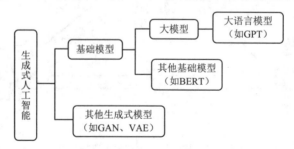

图 2-39　生成式人工智能、基础模型、大模型、大语言模型关系示意图

5. 神经形态计算

神经形态计算是一种模仿生物神经系统结构和功能的计算技术，旨在通过模拟神经元和突触的结构与功能，实现高效的信息处理和智能决策。

神经形态计算的核心在于模仿生物神经元和突触的工作方式。生物神经系统通过神经元之间的突触连接传递信号，这种并行处理方式使得大脑能够高效地处理复杂信息。神经形态计算系统通过模拟这种结构，将数据存储和处理集成在同一位置，从而避免了传统计算架构中内存与处理器分离导致的效率瓶颈。

神经形态计算的技术优势如下。

1）高能效：人脑仅消耗约 20 瓦特就能执行复杂的认知任务，而传统超级计算机需要消耗约 5000 万瓦特。神经形态计算通过模拟生物神经网络的能效特性，能够在更低的功耗下实现高效计算。

2）并行处理能力：神经形态计算系统能够同时处理多个任务，类似于生物神经系统中的并行处理。这种架构使得系统在处理复杂数据时更加高效，能够快速响应并适应环境变化。

3）自学习与适应性：神经形态计算系统具有自学习和适应性能力，能够根据输入数据动态调整其处理方式。这种特性使得系统在面对新任务时能够快速优化性能。

神经形态计算在多个领域展现出巨大的应用潜力。

1）人工智能：在图像识别、自然语言处理等任务中，神经形态计算能够提高处理效率和准确性。

2）机器人技术：通过增强机器人的感知和决策能力，神经形态计算使机器人能够更灵活地应对复杂环境。

3）物联网与边缘计算：神经形态芯片能够为智能设备提供低功耗、高效的运算支持，使其在物联网设备中具有广泛的应用前景。

4）医疗健康：神经形态计算可用于实时监测患者数据，提供快速预警和诊断支持。

5）大数据处理：神经形态计算能高效处理大规模数据，实现实时分析和快速响应。

神经形态计算作为一种新兴的计算范式，具有广阔的发展前景，未来可能会朝着更高的集成度、更强的自适应能力以及与其他前沿技术（如量子计算）相结合的方向发展。随着技术的不断成熟，神经形态计算有望在更多领域实现突破，推动智能科技的发展。

6. 智能机器人

智能机器人（intelligent robot）需要具备 3 个基本要素：感觉要素、思考要素和反应要素。感觉要素是利用传感器感受内部和外部信息，如视觉、听觉、触觉等；思考要素是根据感觉要素所得到的信息，思考应采用什么样的动作；反应要素是对外界做出反应性动作。智能机器人的关键技术包括多传感器信息融合、导航与定位、路径规划、智能控制等。考虑到硬件设施计算速度不够、传感器种类不足，以及无法编程实现机器人思考行为等，即使社会发展需求和机器人应用行业范围在扩大，机器人可具备的智能水平也并未达到其上限。

▌2.3 项目实施

▌2.3.1 案例鉴赏：原始社会到信息社会的变迁

众所周知，制造和使用工具是人类区别于其他动物的标志，是人类劳动过程独有的特征。从几百万年前徒手打制的石器到当代智能化工厂的制造设备，人类的发展和社会生产关系的变化就是生产工具日渐先进的结果。考虑到生产工具是在人们生产过程中用来直接对劳动对象进行加工的物件，因此生产工具必然会朝着高效率、自动化、智能化等特性发展。接下来，将依托生产工具的变化介绍人类发展的不同时代。

1. 石器时代

石器时代始于能人学会打制石器，止于智人使用青铜器。该时期生产工具以打制石器、磨制石器为代表，如图 2-40 所示，生产方式则以渔猎与农耕为主。作为现代人的我们也许会认为，磨制石器与打制石器相比仅仅是多了一道简单的工序。但是在特定的远古历史条件下，原始人能有这样的发明却是一项重大的革命。首先，磨制石器更容易使用，它的刃部磨得更锋利，手柄处有磨出的印痕。这样的进步让人们在使用石器时变得更方便、更省力，使得人类定居生活进程加快。其次，有助于劳动的分工。磨制石器的出现让人类可以在农业劳作中的分工更加精细。原始的生产分工和固定的劳动分工开始出现，不再是依靠全族男性狩猎、女性盲目采集的生存模式，大大提高了人类自身的生产能力。

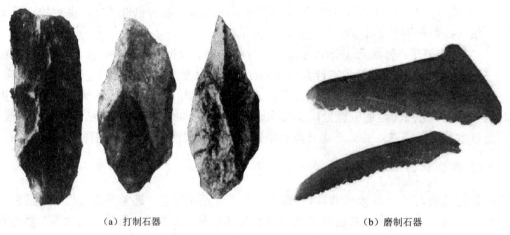

（a）打制石器　　　　　　　　　　　　　（b）磨制石器

图 2-40　石器时代工具

2. 青铜器时代

众所周知，铜的质地偏软，一般的石头都能够把铜砸变形，铜一经加热，更易于变形。最早人类并没有大量使用铜，但是在铜的铸造过程中凑巧加入锡和铅后，人们发现其质地变得坚硬，这也就是青铜。人们慢慢地总结规律，发现这几种金属都很软，不需要太高的温度就可以熔化，但是将它们合在一起变成合金以后，会变得很坚硬，这是人类的一个伟大创造。因为青铜熔点低、硬度强等优点，并随着青铜冶制技术越来越成熟，青铜的应用也更加广泛，不仅被锻造成各种工具、生活用品、装饰品，还用于锻造武器，青铜制造的工具如图 2-41 所示。该时期农业和手工业的生产力水平大幅提高，人们的物质生活条件也渐渐丰富。可以说，青铜的出现对当时的社会生产力发展起到划时代的作用。

3. 铁器时代

相比于青铜，铁坚硬、韧性高，铁器的广泛使用，使人类的生产工具制造进入一个全新的阶段，生产力得到极大提高。在春秋战国时期，铁和畜力被运用到农业生产中来，以铁犁牛耕为主要特点的农业进入精耕细作阶段，如图 2-42 所示。在此后的近 2000 年里，精耕细作的技术体系不断完善，并形成了一系列农业生产工具和器具，到元代时，种类已达 180 种以上。中国一直是铁器时代的主导者，而青铜器、铁器是自然经济农业生产工具的典型代表，这也是中国能长期处于世界核心地位的重要因素。

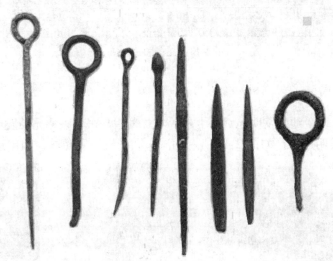

图 2-41 青铜制造的工具

图 2-42 铁在农业上的应用

4. 蒸汽时代

在该时期内，机器生产代替手工劳动，工厂取代手工作坊，资本主义经济战胜了封建主义经济，人类社会开始从农业文明进入工业文明，主要发明成果有哈格里夫斯发明的珍妮纺纱机、瓦特改良的蒸汽机（见图 2-43）、富尔顿发明的汽船、史蒂芬孙发明的火车。蒸汽机的普遍应用促进了社会生产力飞跃发展，实现了生产方式的机械化。

图 2-43　瓦特和蒸汽机

5. 电气时代

该时期内，以爱迪生发明电灯、卡尔·本茨发明汽车、莱特兄弟发明飞机、贝尔发明电话为主要发明成果，如图 2-44 所示。汽车和飞机的发明与使用促进了交通运输事

图 2-44　围绕电的发明

业的大发展，极大地提高了生产力，实现了生产方式电气化。一般将这个阶段称为第二次工业革命。

6. 信息化时代

信息化的概念起源于 20 世纪 60 年代的日本。1997 年，我国召开的首届全国信息化工作会议对信息化给出了官方定义："信息化是指培育、发展以智能化工具为代表的新的生产力并使之造福于社会的历史过程"。信息化技术是以现代通信、网络、数据库技术为基础，将所研究对象各要素汇总至数据库，与人类息息相关的各种行为相结合的一种技术，使用该技术后，可以极大提高各种行为的效率，并且降低成本，为推动人类社会进步提供技术支持。

一般来说，信息化时代包含信息化、数字化和智能化几个阶段。其中，信息化是基础，数字化是过程，智能化是目标。管理信息系统（management information system，MIS）、办公自动化（office automation，OA）、产品数据管理（product data management，PDM）等软件系统，都是信息化的典型应用。这些典型应用在运行过程中会产生实时、准实时或者历史的数据，人们可以做出全面和客观的判断与决策，而不用再像过去那样依靠个人直觉和经验。像这种数据采集、加工和利用的过程可以称为"数字化"。

智能化，典型的理念就是以数字化为基础，通过大数据、人工智能等技术让数据自动计算，实现人工智能一般的控制与自我管理。智能化强调的是复杂信息的处理，让人工智能更多地代替人的脑力活动。在半导体微处理基础上诞生的智能化工具，超越了生产领域、经济领域，全面影响着人类社会生活，其生产力结构从"劳动者+机械化工具"变成了"管理者+智能化工具"。如今，个人、家庭的生活、学习等都融合在一个以智能手机为中心的生态体系之中。国家、政府、企业的运行、管理、市场营销与物联网、云计算、大数据、区块链紧紧相依。百姓生活在一个人工智能无处不在的智慧社区、智慧城市之中，充分享受智慧医疗、智慧家居、智能出行带来的便利。即使遭遇地震这样的天灾，人们依靠智能手机、无人机、GPS、生命探测仪机器人等智能化工具，以及 5G、边缘计算等技术，也能将灾害损失降到最低。

越来越多的信息表明，人工智能已进入技术创新和大规模应用的高潮期、智能企业的开创期和智能产业的形成期，人类正在加速进入智能化时代。让我们一起通过这门课程触摸人工智能，体验人工智能带给我们的种种便利。

2.3.2　训练实操：基于"Kimi 智能助手"论文大纲的生成

在与大模型的交流、沟通中，能否让大模型理解自己真正的意图是非常重要的。而用户与大模型沟通的关键是提示词。有效的提示词主要包括以下四个核心内容。

1）角色：希望 AI 担当的是什么角色（XX 领域的大师，专家等）。

2）背景：提供背景说明以及前提条件，方便 AI 搜索相应的大数据内容。

3）任务：设定具体的任务内容（AI 为你做的事情）。

4）要求：任务的限制条件以及输出格式等要求。

Kimi 是 2023 年 10 月推出的一款智能助手，主要应用场景为专业学术论文的翻译和理解、辅助分析法律问题、快速理解 API 开发文档等，是全球首个支持输入 20 万汉字的智能助手产品。

下面是使用 Kimi 生成论文大纲的操作步骤。

步骤一： 在应用市场下载"Kimi 智能助手"并安装，使用手机号登录（未注册的手机号登录成功后将自动注册）。

步骤二： 打开"Kimi 智能助手"，点击"写作"按钮，如图 2-45 所示。

步骤三： 点击"论文"按钮，如图 2-46 所示。

步骤四： 在底部提示框（见图 2-46）中输入提示词："我是一名高职大数据专业学生，我正在撰写一篇关于'基于大数据的 2025 年春运出行数据分析与可视化'的论文。请帮助我设计一份整体框架，包括引言、文献综述、研究方法、结果与讨论、结论与展望等主要章节，并简要说明每个部分的核心内容和撰写要点。"点击 ⚪ 按钮，生成论文大纲部分内容如图 2-47 所示。

注意： 人工智能生成的论文大纲确实能为我们提供一定的参考和启示。在利用人工智能生成的内容时，我们应适当引用，并结合自己的专业知识和研究经验进行独立的研究探讨。此外，语言方面也需要在人工智能生成的基础上进行修改润色，以提升论文的质量，并确保其符合学术规范。

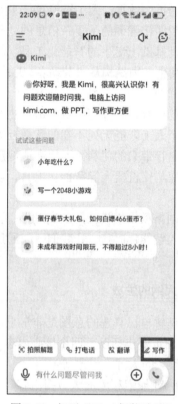

图 2-45　打开"Kimi 智能助手"

图 2-46　选择写作中的"论文"

图 2-47 论文大纲部分内容

思政苑

中国古代的人工智能：非物质文化遗产之提线木偶

相比于当前人工智能领域的机器人，早在秦汉时期，古代先人创造的提线木偶（见图 2-48），在神情和动作上更加细腻、传神。通过精湛规范的操线功夫和独具特色的木偶头雕刻与制作工艺，一部部经典传统剧目被出彩演绎，大大满足了当时人们的精神文化需求。

如同木偶的动作和神情需要手艺人精准操控每一根线来演绎一样，当前人工智能的高速发展，也需要在可控的范围内规范发展，人工智能引发的一系列社会问题，在很大程度上是由于开发过程中的技术缺陷所导致的。因此，投身于人工智能浪潮中，从业者既要仰望星空，勇攀高峰，又要时刻谨记使命，不忘初心，科技要造福人类，不能片面追求一时之新。

图 2-48 非物质文化遗产之提线木偶

讨论与思考

1. 判断题

（1）图灵是人工智能的鼻祖。　　　　　　　　　　　　　　　　　（　　）

（2）知识图谱是符号主义的范畴。　　　　　　　　　　　　　　　（　　）

（3）深度学习是比机器学习更好的一种人工智能实现方式。　　　（　　）

（4）当前人工智能火热的基础是 AlphaGo 带来的算法更新。　　　（　　）

（5）在当下人工智能最新技术中，语义搜索是较为成熟的技术。　（　　）

（6）小而宽数据策略已经发展到较为成熟的阶段。　　　　　　　（　　）

（7）制造和使用工具是人类区别于其他动物的标志。　　　　　　（　　）

（8）智能化强调的是复杂信息的处理，更多地代替人的脑力活动。　　（　　）

2. 选择题

（1）（　　）年，在由十几位青年学者参与的达特茅斯暑期研讨会上诞生了"人工智能"概念。

  A. 1957　　　　　　　B. 1955　　　　　　C. 1956

（2）人工智能三要素是（　　）。

  A. 计算机、电力、算法

  B. 机器人、芯片、算法

  C. 算力、算法、数据

（3）2016 年，AlphaGo 战胜的是围棋选手（　　），让世界震惊，从而将人工智能再次带回公众视野。

  A. 李世石　　　　　　B. 徐静雨　　　　　C. 古力

（4）人工智能主要发展方向是（　　）。

  A. 感知智能　运算智能　认知智能

  B. 运算智能　感知智能　认知智能

  C. 感知智能　认知智能　运算智能

（5）人工智能中的智能程度可以划分为（　　）3 个范畴。

  A. 低人工智能、中人工智能和高人工智能

  B. 小人工智能、中人工智能和大人工智能

  C. 弱人工智能、强人工智能和超人工智能

（6）人工智能领域研究划分了（　　）3 个学派。

  A. 符号主义、连接主义、行为主义

  B. 运算基础、感知基础、认知基础

  C. 视觉领域、运动领域、思想领域

（7）智能制造中，人工智能实现生产过程优化调度主要依靠（　　）。

  A. 深度学习　　　B. 遗传算法　　　C. 强化学习

（8）下列选项中都属于知识工程范畴的是（　　）。

  A. 专家系统、知识库、知识图谱

  B. 大数据语义分析、知识库、知识图谱

  C. 神经网络、知识库、知识图谱

（9）下面属于计算机视觉应用的是（　　）。

  A. 智能客服　　　B. 运营数字化　　　C. 运动跟踪

项目 3

初探知识工程

学习指导

学习目标 ☞

- 理解知识的概念;
- 理解知识工程的概念;
- 了解知识工程中命题和谓词逻辑、产生式、知识图谱的基本原理;
- 初步了解知识工程在智慧医疗领域的应用;
- 了解知识工程在智能客服中的应用,利用小程序进行设备故障排查;
- 了解我国古代的"知"和"识",理解知识工程中的"知"和"识";
- 通过鉴赏、训练实操知识工程的实际应用,激发学生了解、学习人工智能的积极性;
- 掌握使用"扫描全能王"实现数字化文档的方法;
- 揭秘智能助手给"天问一号"取名的秘密,培养学生知识积累素养。

3.1　项目描述

一般认为，人工智能分为运算智能、感知智能和认知智能 3 个层次。运算智能即快速计算、记忆和存储能力；感知智能，即视觉、听觉、触觉等感知能力，当下十分热门的语音识别、语音合成、图像识别即是感知智能；认知智能则为理解、解释的能力，知识图谱和以知识图谱为代表的知识工程系列技术是认知智能的核心。知识工程主要过程包括 3 个方面：知识表示、知识获取和知识使用。基于知识工程的理念产生了专家系统、知识图谱等更复杂的系统，广泛地应用于搜索引擎、医疗、电子商务等领域。

本项目将以知识的概念为切入点，重点介绍基本的知识表示、知识推理方法，并介绍知识工程在智慧医疗、智能客服等场景的应用。

3.2　知识准备

想象如何来判断自己感冒了。当我们有咳嗽、流鼻涕、喉咙疼痛的难受感觉时，父母通常会告诉我们应该是"感冒"了，这种判断就是一种知识。父母根据长期的生活和就医经验，知道这些表现通常是"感冒"的症状，可以初步判断我们感冒了，如图 3-1 所示。

图 3-1　判断感冒

进一步，如果我们去医院就医，医生会运用专业的医疗知识来进行判断和治疗，如图 3-2 所示。例如：

1）腋窝体温超过 37℃，则可以判断为"发烧"；如果超过 38.5℃，则需要使用药物退烧。

2）直接观察喉咙红肿症状的严重程度，初步判断是否有扁桃体感染。

3）抽血化验血常规指标，如果白细胞、中性粒细胞比例升高，提示细菌性感染，针对细菌性感染需要给予抗生素治疗；如果单核细胞或淋巴细胞比例增高，则提示病毒性感冒，病毒性感冒通常需要给予抗病毒药物进行治疗。

图 3-2　医生使用专家知识诊断

3.2.1　知识概述

人类对知识的认识和理解古已有之，"知识"在古文中可以拆解为"知"和"识"，均有认识、知道、懂得的意思。"吾有知乎哉？无知也。"——《论语》；"吾生也有涯，而知也无涯。"——《庄子》；"识，知也。"——《说文》；"非学无以致疑，非问无以广识。"——刘开《问说》；"没有学问，谁也看不起你。如没有真的学问，更是无人看得起。"——冯玉祥；"智慧，并不产生于学历，而是来自对于知识的终生不懈地追求。"——爱因斯坦；"知识就是力量，但更重要的是运用知识的技能。"——培根。这些对知识的理解、表达和追求，来源于他们的生活经历，同时这些知识和智慧又帮助他们为他人和人类做出贡献。

人们在生活中不断探索和认识客观世界，在这个过程中获取了大量对事实、信息的描述，甚至行动的技能，这些都属于知识的范畴。同时，人们又与客观世界不断交互，从而影响和改变世界，在这个过程中又需要运用知识。

知识的表示与数据、信息概念息息相关。一种常见的理解知识的模型为 DIKW（data information knowledge wisdom）结构。其中，数据是事物、概念或指令的一种形式化表示形式，是一种最原始的概念素材，如看到"90 分、500 元"，这是两个概念的表示，还不具有实际的意义；信息是对数据加工处理后有逻辑的数据，它表达客观事实，如看到"张驰平均成绩>90 分/学期，生活费<500 元/月"，这是在数据的基础上形成的信息，表达张驰同学某种具体的状态事实；知识是组织起来的信息，它在实践的基础上产生，又是经过实践检验的、对事实的客观反映，如通过与张驰同学的日常交往，结合他的个人信息，可以获得有关张驰的知识："学习努力，多次获得奖学金，并且家庭贫困，

一直在勤工俭学"；智慧是对知识的应用，它关心的是未来，具有预测的能力，如经过推断"张驰积极上进，未来可期"，预测张驰将来的状态。DIKW 知识认识结构如图 3-3 所示。

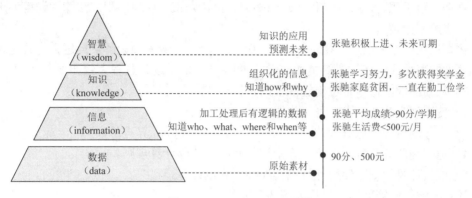

图 3-3 DIKW 知识认识结构

3.2.2 知识工程概述

知识工程（knowledge engineering）是关于建造、维护和使用基于知识的系统的方法论和技术手段的统称。基于知识的系统（knowledge-based system，KBS）是一种计算机程序，它使用知识库进行推理，来解决和回答复杂问题。

知识工程概述

"知识工程"属于"符号主义"人工智能技术，符号主义认为人工智能源于数理逻辑，认为智能的本质就是符号的操作和运算，或者说是概念的逻辑推理。其中，美国斯坦福大学的爱德华·阿尔伯特·费根鲍姆（Edward Albert Feigenbaum），如图 3-4 所示，领导研制的一种化学分析的专家系统 DENDRAL 于 1968 年问世，该系统可以帮助有机化学家鉴定未知有机分子，被认为是之后各种专家系统的萌芽。专家系统作为早期人工智能的重要分支，是一种在特定领域内具有专家水平解决问题能力的程序系统。1977 年，费根鲍姆将构建该系统的方法正式命名为知识工程。

图 3-4 爱德华·阿尔伯特·费根鲍姆

狭义上看，知识工程主要是构建专家系统、知识库系统的技术和方法。广义上看，语义网络以及之后出现的知识图谱等技术都可以归类为基于知识的系统，也都与知识工程的概念和技术息息相关。

知识工程是认知智能的核心，是人工智能可解释性的基础，而这种可解释性是人工智能伦理应遵循的重要原则之一。设想这样一个场景：一辆自动驾驶的汽车行驶在一条窄路上，突然一名小朋友冲到车前，此时刹车已经来不及了，只能打方向避让，其中汽车左前方是一棵树，右前方是一条小狗。请问自动驾驶汽车应该转向哪个方向更合理？这个选择中自动驾驶汽车会用到哪类人工智能技术？在这个场景中，可以通过感知智能（图像识别等）来识别物体，通过行为智能（车辆自动控制）来操控汽车。而在两方中进行抉择，则需要通过知识工程（常识知识、价值知识、伦理知识、法律知识等）进行推理和决策来做到。

将知识融合在机器中，让机器能够利用人类经验、专家知识解决问题，这就是知识工程要做的事情。例如，计算机如何解答"18-13"的问题？过程大致如下：

1）从拍摄的图像中定位问题图形的目标位置。

2）使用视觉感知技术对目标位置图像进行分割。

3）对分割后的图像进行特征提取，匹配识别数字和计算符号。

4）把识别的计算符号在符号库中进行匹配，获取计算规则。

5）根据计算规则，使用计算机程序控制完成计算。

计算机解答计算问题的过程如图 3-5 所示。

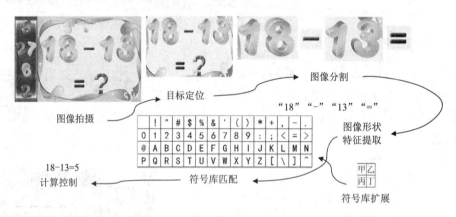

图 3-5　计算机解答计算问题的过程

计算机运用知识解决问题的过程明确地拆分为几个过程，可以抽象地总结为以下几个方面。

1）知识表示。研究怎样对知识进行形式化描述，以让计算机能合理地存储和使用知识。这里将数字和计算符号的定义和编码记录到符号库中，形成所有计算机的标准，就是一种知识表示方法。

2）知识获取。研究知识处理系统如何从系统外部获得知识、充实知识库，包括对外部数据进行知识化。学习不同的语言符号并不断扩展符号库，就是知识获取的过程。

3）知识使用。研究在知识处理系统中应如何组织和利用知识，使用怎样的推理方法，以达到所希望的目标。本示例中首先通过视觉感知技术对图像进行分割和特征提取，识别为机器能理解的数字和计算符号，之后根据符号库中的规则完成计算控制，是为知识的运用。当然，此处的减法例子相对简单，但对于复杂问题，完成问题结论的推理可能是相当复杂的。

其中，知识表示是知识工程研究的主要领域，知识使用则是在特定知识表示的基础上的推导演算。

3.2.3　知识的表示

自然语言（natural language）是人类知识表示的主要方法，是交流、协作和传承的基础。

自然语言是复杂松散的。对于刚刚诞生几十年的计算机来说，目前还没有办法充分理解如此复杂的自然语言。知识表示，是指需要把信息和知识表示为计算机可接受、可理解的一种形式。这种形式通常是一整套符号和规则，即一种数据结构。"知识表示"，作为名词理解，就是一种计算机可以接受的、用于描述知识的数据结构；作为动词理解，就是将知识符号化并输入计算机的过程。

人工智能从数理逻辑开始，借鉴和创造了一系列的知识表示方法和推理方法，包括命题和谓词逻辑、产生式、框架网络、状态空间、搜索树、语义网络、知识图谱等。下面主要介绍其中的几种基础方法，即命题和谓词逻辑，产生式和知识图谱。

1. 命题和谓词逻辑

命题和谓词逻辑是源于数学和逻辑学中的一种最早的和最广泛的知识表示方法。它们既是现代计算机科学的基础，也适合用于人工智能中的知识表示。命题可以判断真假，如图 3-6 所示。

命题是指具有具体意义的，又能判断它是真还是假的句子。例如，命题"一年有四季"其真值为"真"，记为 T（true）；命题"我发烧 55℃了"，其真值为"假"，记为 F（false）。命题逻辑或命题演算则是在命题的基础上，研究如何通过一些逻辑符号构成更复杂的命题以及逻辑推理的方法。常用的逻辑连接词如表 3-1 所示。

图 3-6　命题可以判断真假

表 3-1　常用的逻辑连接词

表示符号	符号意义	举例	命题逻辑表示	命题逻辑真值
¬	非，否定式	十进制数"10"不是个整数（P）	¬P	F
∨	或，析取式	火车要不没到（P），要不已经到了（R）	P∨R	T
∧	与，并且，合取式	这种材料硬度很高（P），耐热性也很好（R）	P∧R	T
→	蕴涵式，生成，如果…那么	天空乌云密布（Q），可能要下雨了（P）	Q→P	T
↔	等价式，当且仅当，恒等	十进制数"10"是个整数等价于十进制数"10"是个偶数	P↔Q	F

在命题的基础上发展出了谓词逻辑（predicate logic）。一个简单命题（原子命题）可以分解为实体词和谓词两个部分。例如，命题"燕子是一种鸟"，其中"燕子"是实体词，"是一种鸟"是谓词，表示对实体"燕子"的属性描述。"燕子"是一种实

谓词逻辑

体，如图 3-7 所示。

在谓词逻辑中，可以把这个命题表示为谓词演算的形式：bird(swallow)=T，表示"swallow 燕子"是一种鸟的命题是为真（T）的。利用该谓词公式，可以代入不同的实体，并做出谓词演算：

1）bird(dog) = F："狗是一种鸟"为假命题。

2）bird(海鸥) = T："海鸥是一种鸟"为真命题。

图 3-7 "燕子"是一种实体

以上谓词公式判断的对象只有一个实体，称为一元谓词。对于复杂一些的命题，如"燕子能在天上飞"，可以使用谓词演算 fly(swallow,sky)=T 来表示。这个谓词公式 fly(X,Y)有两个判断的实体对象，称为二元谓词。利用该公式，也可以做出不同的谓词演算：

1）fly(swallow,水中) = F："燕子能在水中飞"为假命题。

2）fly(海鸥,天空) = T："海鸥能在天空中飞"为真命题。

如何使用谓词逻辑来实现一个简单的问答系统？例如，向问答系统提出问题："燕子是一种能飞在天上的鸟吗？"谓词逻辑是如何进行求解的？

问答系统程序推理的步骤如下。

1）对输入的问题文本进行预处理，提取其中的实体（燕子，天上）和谓词（能飞在天上，一种鸟）。

2）在其知识库中搜索是否有对应的谓词公式，找到 bird(X)、fly(X,Y)，以及两个公式间的逻辑连接词蕴含（→）。

3）代入实体燕子（swallow）、天上（sky），根据谓词公式演算出逻辑真值（T）。

4）根据谓词演算结果"真"（true），向用户输出回答"是"。谓词逻辑的推理步骤如图 3-8 所示。

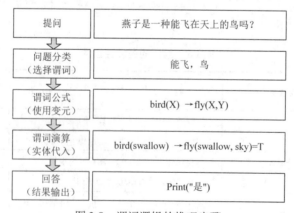

图 3-8 谓词逻辑的推理步骤

2. 产生式

产生式表示法又称产生式规则（production rule），是一种用于表

产生式与产生式系统

示事实、规则及其不确定性度量的知识表示方法，其中的很多符号和语法是基于谓词逻辑的。"产生式"这一术语由美国数学家埃米尔·波斯特（Emil Post）在 20 世纪 30～40 年代首先提出。70 年代，纽厄尔和西蒙等在研究人类的认知模型中开发了基于规则的产生式系统。

产生式系统是由一组产生式规则和计算机程序组成的系统。它由规则库、综合数据库、推理机构成。规则库即由产生式规则组成的、相关领域的知识库；综合数据库中存储了已知事实、问题的初始值、最终的推理结论和推理的中间过程；推理机包含了一组计算机程序，进行推理的执行和策略控制。

产生式系统的基本运行流程为，在产生式规则内，某一产生式生成的结论供另一个产生式作为已知事实使用，使用推理机不断进行产生式和事实的迭代，最终使用以求得问题的解，并存储在综合数据库中。产生式系统的架构如图 3-9 所示。

以"动物识别系统"为例来阐述产生式推理识别目标的过程。

动物识别系统的目标是识别虎、豹、斑马、长颈鹿、信天翁、企鹅、鸵鸟 7 种动物，如图 3-10 所示。对系统输入一个问题，问题的初始事实有：某动物有暗斑点，有长脖子，有长腿，有奶，有蹄。请问该动物是什么？

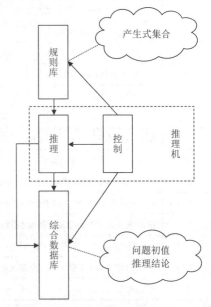

图 3-9 产生式系统的架构

图 3-10 动物识别系统的 7 种动物

该系统包含 15 条规则，如表 3-2 所示。

表 3-2 动物识别系统的 15 条规则

编号	规则
R1	if 动物有毛发 then 动物是哺乳动物
R2	if 动物有奶 then 动物是哺乳动物
R3	if 动物有羽毛 then 动物是鸟
R4	if 动物会飞 and 会生蛋 then 动物是鸟
R5	if 动物吃肉 then 动物是食肉动物
R6	if 动物有犀利牙齿 and 有爪 and 眼向前方 then 动物是食肉动物
R7	if 动物是哺乳动物 and 有蹄 then 动物是有蹄类动物
R8	if 动物是哺乳动物 and 反刍 then 动物是有蹄类动物
R9	if 动物是哺乳动物 and 是食肉动物 and 是黄褐色 and 有暗斑点 then 动物是豹
R10	if 动物是哺乳动物 and 是食肉动物 and 是黄褐色 and 有黑色条纹 then 动物是虎
R11	if 动物是有蹄类动物 and 有长脖子 and 有长腿 and 有暗斑点 then 动物是长颈鹿
R12	if 动物是有蹄类动物 and 有黑色条纹 then 动物是斑马
R13	if 动物是鸟 and 不会飞 and 有长脖子 and 有长腿 and 是黑白二色 then 动物是鸵鸟
R14	if 动物是鸟 and 不会飞 and 会游泳 and 是黑白二色 then 动物是企鹅
R15	if 动物是鸟 and 善飞 then 动物是信天翁

推理匹配步骤如下：

1）使用规则库中的规则，匹配综合数据库中的问题初始事实：有暗斑点，有长脖子，有长腿，有奶，有蹄。

2）成功匹配到 R2，执行规则 R2，把结果"动物是哺乳动物"作为中间结论，记录到综合数据库中。当前问题事实：有暗斑点，有长脖子，有长腿，有奶，有蹄，哺乳动物。

3）再次进行规则匹配，规则 R2 仍会被匹配上，此时把 R2 标记为冲突，由于结论一致，进行冲突消解。

4）再次进行规则匹配，成功匹配到 R7，执行规则 R7，把结果"动物是有蹄类动物"作为中间结论，记录到综合数据库中。当前问题事实：有暗斑点，有长脖子，有长腿，有奶，有蹄，哺乳动物，有蹄类动物。

5）再次进行规则匹配，成功匹配到 R11，执行规则 R11，得到识别目标之一"动物是长颈鹿"，作为最终结论，记录到综合数据库中，终止推理。最终事实：有暗斑点，有长脖子，有长腿，有奶，有蹄，哺乳动物，有蹄类动物，长颈鹿。产生式推理识别目标的过程如图 3-11 所示。

3．知识图谱

2012 年由谷歌（Google）公司正式提出了知识图谱（knowledge graph）的概念，其初衷是优化搜索引擎返回的结果，增强用户搜索质量与体验。

知识图谱

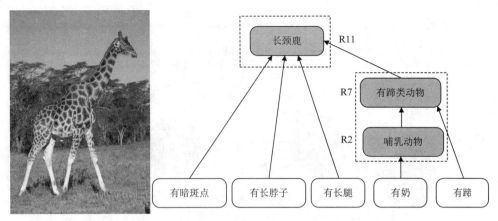

图 3-11　产生式推理识别目标的过程

知识图谱是使用一种叫语义网络的方法来表示知识，使用图模型来描述知识和建模世界万物之间的关联关系的技术方法。语义网络是由实体、关系和属性组成的一种数据结构，其基本数据的单元称为三元组。它由节点和边组成，节点表示实体（entity）、概念（concept）或属性值（value），边表示实体的属性（property）或实体间的关系（relation），一般形式为"实体-关系-实体"或者"实体-属性-属性值"。关于"姚明"的三元组如图 3-12 所示。

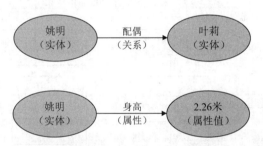

图 3-12　关于"姚明"的三元组

例如，姚明（实体）→身高（属性）→2.26 米（属性值），姚明（实体）→配偶（关系）→叶莉（实体）。大量的三元组组成网络，形成了知识图谱。关于"姚明"的知识图谱如图 3-13 所示。

使用知识图谱可以对问题进行基本回答。例如，"姚明的队友有哪些？"可以很直观地通过知识图谱查找到"队友"关系的实体，找到"易建联"。也可以利用知识图谱进一步推理和解释，例如"叶莉是易建联的朋友"，可以通过知识图谱找到这两个实体之间的关系；"姚明为什么是伟大的篮球运动员？"通过知识图谱可以找到他的身高（2.26 米），还可以找到他获得的各种荣誉属性信息，从而解释这个问题。

相对于产生式、专家系统等传统知识工程技术，知识图谱是当前感知智能中的热门技术。它的构建过程包括数据获取、知识抽取、知识融合、知识加工，到最后的应用。知识图谱的构建过程如图 3-14 所示。

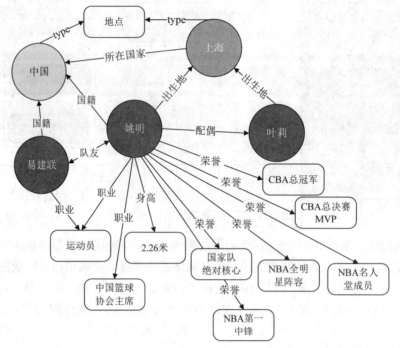

图 3-13　关于"姚明"的知识图谱

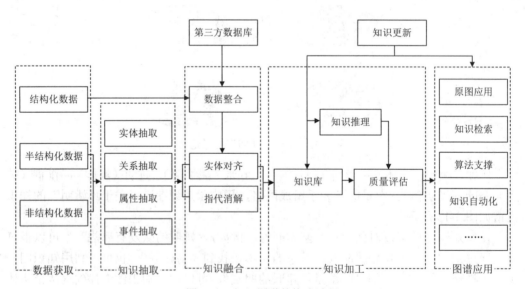

图 3-14　知识图谱的构建过程

知识图谱仍然属于基于知识的系统，它本质上是多种技术组成的一种知识系统的工程实现。在知识表示层面，知识图谱本质上是语义网络，即具有有向图结构的一个知识库；在知识获取方面，它使用自然语言处理等感知智能技术，从大量文本语料中获取信息和知识；在知识推理和使用方面，它充分利用有向图理论，并且结合统计和神经网络等方法；在系统实现层面，则通常使用图数据库进行存储。知识图谱的研究领域如图 3-15 所示。

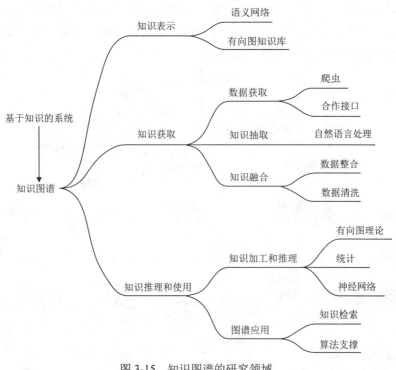

图 3-15 知识图谱的研究领域

3.3 项目实施

3.3.1 案例鉴赏：智慧医疗领域的智能导诊

项目 1 介绍了人工智能在智慧医疗领域，如语音电子病历、影像辅助诊断、医疗机器人、健康管理、药物研发等方面的应用，其中的每一项应用都综合运用了自然语言处理、图像识别、语音识别、知识图谱等多种人工智能技术。

知识图谱是构建医学知识体系的主要技术。自然语言处理技术能够自动识别病历和医学文献中的实体以及实体之间的关系，最终将其整合到医学知识图谱中。一个权威、完整、动态的医学知识图谱数据来源一般有 3 个方面：第一，来自互联网用户的数据，包括一系列远程医疗服务平台；第二，真实的患者语料库，包括患者授权和脱敏的数据等；第三，静态数据，包括权威的医学先验知识以及各种症状体征、检验检查指标、用药治疗的疾病知识库等。医疗知识图谱如图 3-16 所示。

在基于知识图谱的医疗知识体系基础上，进一步从确定性知识和关系出发，进行明确的知识推理，才能使得其他人工智能医疗形成的决策和结论更具有可解释性，这种可解释性在人工智能辅助诊查中尤为重要。人工智能辅助诊查的主要使用场景包括分诊导诊、预问诊、智能用药、病历质量控制等，贯穿诊前、诊中、诊后等诊疗全流程。目前，在人工智能辅助诊查方面，国内企业的解决方案包括百度灵医智慧临床辅助决策系统、讯飞医疗智医助理、腾讯睿知智能导诊系统等。下面以腾讯睿知智能导诊系统为例，介绍人工智能辅助诊查中的知识图谱应用。

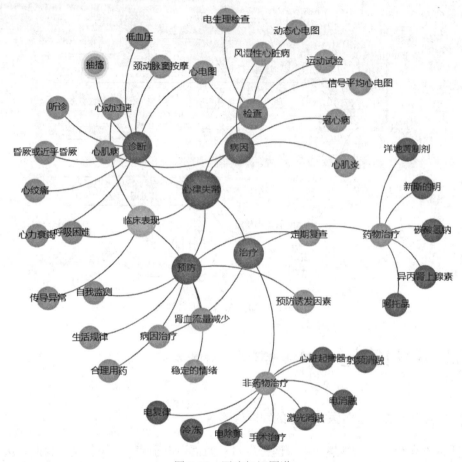

图 3-16　医疗知识图谱

腾讯睿知是一款疾病预判的人工智能引擎，一个重要的应用场景是智能导诊，即通过人机对话，使患者能找到最合适的医生，医生也能筛选出与其专业方向匹配的患者，帮助患者更高效地完成就医。腾讯睿知主要基于大数据打造的知识图谱，在知识图谱的构建过程中收集一些原始数据，包括医学教科书与文献、电子病历、医药用品说明书和临床检验报告等。通过对这些原始数据进行数据清洗、信息提取和知识关联，建立结构化的临床知识库、标志库和规则库。然后利用自然语言处理、深度学习等人工智能模型算法，对患者的交流信息进行分析，实现导诊。

具体的呈现形式是，患者登录接入"睿知"的医院公众号，直接口述病症，即可获取有关具体疾病、对应科室、合适医生的信息，最终实现精准挂号。接入"睿知"的医院公众号如图 3-17 所示。

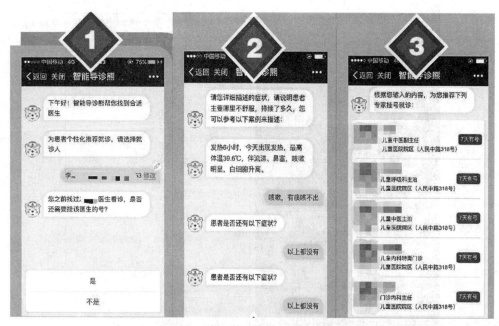

图 3-17　接入"睿知"的医院公众号

据这款医疗人工智能引擎首次上线的反馈数据显示，它的疾病判断准确率为 94%，医生推荐准确率在 96% 以上。

3.3.2　训练实操：设备故障智能排查与数字化文档处理

1. 基于小程序的设备故障智能排查

智能问答系统或机器人，通常利用人工智能技术中的自然语言处理技术理解用户问题的基本语义，然后利用内建的知识库进行搜索和推理，可以返回与用户问题相匹配的答案并自动回答。

智能问答系统特别适用于简单故障的排查、初次体验用户的答疑、初学知识的搜索和巩固等。例如，在使用设备的过程中遇到设备故障的情况，如果有对应设备的智能问答系统，将能比查询设备手册更快、更准确地找到故障的基本排查处理方法。目前，各种智能家电设备均有在线平台可进行基本的自助故障排查，如美的美居、小米米家、海尔智家等。在电商销售等面向用户的服务行业中，如果有相应垂直领域的在线智能客服系统，将能大大减少用户的等待时间，并降低服务人员的数量。例如，淘宝天猫、京东商城、苏宁易购等电商平台，在用户的在线支持和售后中，智能客服占据了很大的比重。

以下以海尔电器设备为例，假设在使用特定空调设备的过程中遇到了开机无反应的问题，体验如何利用智能客服快速地排查和处理故障。

步骤一：在微信小程序中搜索"海尔智家"小程序，如图 3-18 所示。

步骤二：打开小程序，在首页中点击进入"我的"界面，如图 3-19 所示。

图 3-18　搜索 "海尔智家" 小程序

图 3-19　打开小程序 "我的" 界面

　　步骤三：点击 "在线客服"，勾选同意条款，选择 "微信快速登录"，进入智能客服首页，如图 3-20 所示。

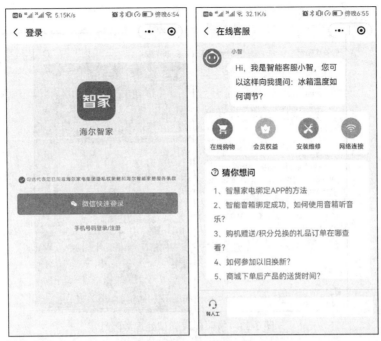

图 3-20　进入智能客服首页

步骤四：输入故障描述"空调开机无反应"，会给出几组故障引导，如图 3-21 所示，点击选择合适的故障"3.空调不开机/不启动问题的处理方法"，会出现针对此故障的原因及处理方法，如图 3-22 所示。

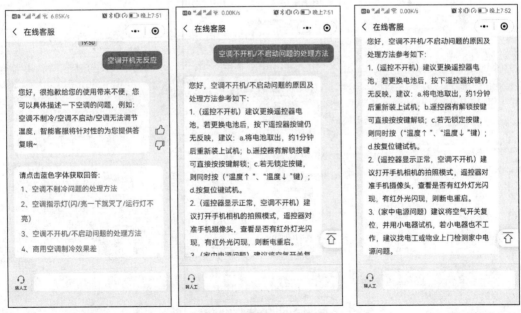

图 3-21　输入故障描述，给出故障引导　　　　图 3-22　得到排查建议

步骤五：在针对故障的原因及处理方法最后提供了 2 个其他的处理选项。点击选择

处理方法可观看相关视频，如图 3-23 所示。

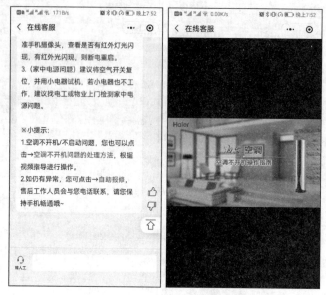

图 3-23　按照建议尝试处理故障

步骤六：如果仍然无法解决问题，则可以点击"自助报修"，如图 3-24 所示，进入向设备厂商报修的界面，可填入设备类型、住址电话、预约时间、故障描述等信息进行报修预约。

图 3-24　自助报修界面

步骤七：在在线客服界面，还可以通过输入"故障码"关键字，跳转到自助服务界面，如图 3-25 所示。查看设备的所有故障建议，如图 3-26 所示，即该智能问答系统运行所依赖的知识库。

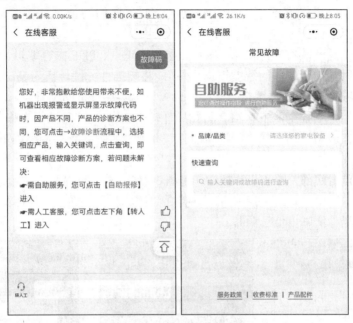

图 3-25　进入自助服务界面

图 3-26　查看故障知识库

2. 使用"扫描全能王"实现数字化文档

随着数字技术的飞速发展和智能手机的普及，数字化变得越来越便捷。如今，数字化已经深度融入我们的日常生活，它彻底改变了我们的社交、工作、娱乐和学习方式。

扫描全能王是一款集文件扫描、图片文字提取识别、PDF 内容编辑、PDF 转 Word、电子签名等多种功能于一体的智能扫描软件，能将扫描件一键转换为 Word、Excel、PPT、PDF 等多种格式文档，通过手机、平板、计算机等多种设备同步查看。

下面是使用"扫描全能王"APP 将扫描件转为 PDF 文档的操作步骤。

步骤一：在应用市场下载"扫描全能王"并安装，打开"扫描全能王"，如图 3-27 所示。

步骤二：点击底部"照相机"按钮（见图 3-27），进入扫描状态，如果要扫描多页，可点击"多页"按钮，如图 3-28 所示，再点击"照相机"按钮，扫描后如图 3-29 所示。这种方式的扫描件清晰度低于照片。

图 3-27 "扫描全能王"首页

图 3-28 扫描状态

图 3-29 扫描后状态

步骤三：如果扫描件符合要求，点击"✓"按钮；如果不符合要求，则可以重拍或旋转或裁剪等。

步骤四：如果扫描多页，可向上滑动屏幕，找到"继续添加"按钮并点击，如图 3-30 所示，会将其添加到前面的扫描文档中，添加扫描页效果如图 3-31 所示。

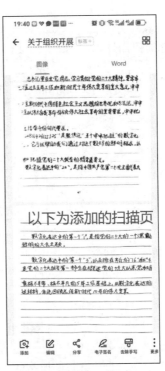

图 3-30   "继续添加"按钮   图 3-31   添加扫描页效果

步骤五：点击右下角的"更多"按钮，在打开的"关于组织开展"页中点击"重命名"命令，如图 3-32 所示，输入文档标题如"'数字化文档'学习"，完成点击"确认"按钮，如图 3-33 所示。

图 3-32   选择以"重命名"   图 3-33   输入文档标题

步骤六：点击"确定"按钮，再点击左上角的"←"按钮返回到首页，如图 3-34 所示，可以看到扫描件以"'数字化文档'学习"标题保存了。

图 3-34　重命名文档效果

步骤七：打开"'数字化文档'学习"文档，再在底部点击"分享"按钮，如图 3-35 所示；接着点击"以 PDF 分享"按钮，如图 3-36 所示；选择"发送到我的电脑"，如图 3-37 所示。注意："发送到我的电脑"与"发送到电脑"有区别。

图 3-35　选择"分享"按钮　　图 3-36　选择"以 PDF 分享"　图 3-37　选择"发送到我的电脑"

步骤八：在 QQ 的"我的电脑"中可以看到扫描件以 PDF 文件的形式发送过来，如图 3-38 所示。将文档保存在计算机中，可以不占用手机存储空间，而且比以图片形式保存在手机上进行查看更加便捷、条理清晰，适合保存培训或讲座类的讲义 PPT 等内容。以图片形式保存效果如图 3-39 所示。

图 3-38　以 PDF 形式发送到"我的电脑"

图 3-39　图片形式保存效果

思政苑

给火星车取名的人工智能

2020 年 7 月 23 日，"天问一号"火星探测器成功发射，它由环绕器、着陆器和巡视器（火星车）组成。7 月 24 日，国家航天局探月与航天工程中心宣布，中国第一辆火星车全球征名活动"以你之名，筑梦火星"正式启动。网友们踊跃建言献策，提出"敢探号、大陀螺、麻辣号、风火轮、小凤凰、天地一号"等名称。最终经过近 9 个月的投票与评选，"祝融号"脱颖而出并成功"当选"。"祝融号"火星车如图 3-40 所示。

图 3-40　"祝融号"火星车（左）与着陆器（右）

值得注意的是，在火星车的征名仪式启动现场，百度公司的人工智能语音助手"小度"也获得了为火星车起名的机会。面对主持人的提问，"小度"先是一本正经地说自己根据近20年火星相关搜索大数据，以及平台上130万个关于火星的问答来学习分析，最终得出"小火车"这个名字。之后在主持人的追问下，"小度"又引用古代《楚辞·惜誓》的句子"飞朱鸟使先驱兮"，认为火星车可以叫"朱雀号"，寓意像神兽朱雀，是人类探索茫茫太空的先导。在与主持人互动的过程中，人工智能语音助手展现出流畅的对话能力、快速准确理解意图的高智商，以及大数据处理与资讯搜索能力，让人们对中国人工智能的发展现状印象深刻。

实际上，人工智能语音助手结合了语音识别、自然语言处理、知识图谱等技术，实现捕捉用户语音的词法、语法、语义等潜在信息，通过完备的知识图谱对用户的语义进行分析、推理和回应，最终在对指令听懂、理解和满足的基础上，回答用户在不同场景中的常识性、专业性问题。

讨论与思考

1. 判断题

（1）知识、数据、信息是基本相同的概念。　　　　　　　　　　　　　（　　）

（2）"知识工程"术语属于"符号主义"人工智能技术。　　　　　　　（　　）

（3）P："湖南是中国的一个省"，Q："人工智能不属于计算机学科"，则 $P \wedge Q$ 的结果为 T（真）。　　　　　　　　　　　　　　　　　　　　　　　　　　　（　　）

（4）谓词逻辑的推理类似于数据中的推理，具有强逻辑严密性。　　　（　　）

（5）产生式"if 小明>7 岁 and 小明<12 岁 then 小明在上小学"，如果小明在 7 至 12 岁之间，则小明在上小学。　　　　　　　　　　　　　　　　　　　　　　（　　）

（6）在基于知识工程的系统中，一般的系统结构包括知识库、综合数据库和推理机 3 个部分。　　　　　　　　　　　　　　　　　　　　　　　　　　　　　　　（　　）

2. 选择题

（1）运用知识解决问题的过程，主要包含知识获取、（　　）和知识运用。

    A. 知识表示　　　　　　　B. 知识存储　　　　　　　C. 知识理解

（2）在"今天天气不错"这个命题中，"天气不错"是（　　）。

    A. 谓词　　　　　　　　　B. 实体词　　　　　　　　C. 主体词

（3）定义谓词公式 fish(X) 表示 X 是一种鱼，swim(X,Y) 表示 X 可以在 Y 中游，则 fish（鲫鱼）→swim（鲫鱼，水）的谓词逻辑表达的意思是（　　）。

    A. 所有的鲫鱼都会在水中游

B. 鲫鱼是一种鱼，因此它可以在水中游

C. 鲫鱼可以在水中游，因此它是一种鱼

（4）在基于知识工程系统的知识库中，主要存储了（　　）。

A. 需要解决的问题

B. 推导过程和结论

C. 推理需要的规则和知识

（5）知识图谱不是（　　）。

A. 由实体、关系和属性组成的一种数据结构

B. 展示不同知识点之间相互关系的图表

C. 某种知识对应的实物图片

项目 4

揭秘智慧搜索

学习指导

学习目标 ☞

- 了解搜索技术的概念；
- 了解盲目搜索、启发式搜索的概念与特点；
- 了解盲目搜索中宽度优先搜索和深度优先搜索算法及应用；
- 了解启发式搜索中贪婪最佳优先搜索算法、A*搜索算法、爬山算法、模拟退火算法及应用；
- 了解蒙特卡洛树搜索算法及应用；
- 了解搜索算法在路径规划，高铁、城铁和地铁站点规划等领域中的应用；
- 掌握使用高德地图 APP 实现智慧出行方案规划的方法；
- 通过了解"天问一号"精准登陆火星的奥秘，其背后展现的科研人员的严谨与卓越精神，引导学生树立创新意识，培养学生进取精神。

4.1　项目描述

　　计算机并不具备通过逻辑推理而有意识地理解世界的能力。在一个智能系统中，让计算机给出一个清晰简洁的有关知识的描述是很困难的，但以形式化的方式表示知识或者查找知识并将其提供给计算机进行自动处理，是目前智能系统主要的实现方式。人对自己大脑中所记忆的知识的查找方式是联想的、即刻的，大脑中并不存在固定位置的知识库或经验信息物理空间。但计算机解决问题或查找有用信息时需要利用各种搜索技术，搜索和推理都是计算机解决问题的基本方法。

　　本项目将以新一代搜索技术在智能制造领域中的应用为切入点，重点介绍人工智能技术在该领域的应用现状及发展趋势。

4.2　知识准备

4.2.1　搜索技术简介

　　搜索技术（search technique）是用搜索方法寻求问题解答的技术，常表现为系统设计或达到特定目的而寻找恰当或最优方案的各种系统化的方法。搜索技术也是人工智能的一个重要内容。

　　在人工智能中，搜索问题一般包括两个关键问题：一是搜索什么，即搜索目标；二是在哪里搜索，即搜索空间。以在湖南省搜索湖南铁道职业技术学院为例，那么湖南省整个地域范围为搜索空间，而湖南铁道职业技术学院为搜索目标。

　　搜索空间通常是指一系列状态的汇集，因此称为状态空间。与通常的搜索空间不同，人工智能中大多数问题的状态空间在问题求解之前不是全部知道的。

　　搜索的方法有很多，其中按照搜索时是否使用启发信息分类，有两种基本方式。一种是盲目搜索，即不考虑给定问题的具体知识，而根据事先确定的某种固定顺序来调用操作规则，一般是按预定的搜索策略进行搜索，没有考虑到问题本身的特性，这种搜索具有很大的盲目性，效率不高，不便于复杂问题的求解。另一种是启发式搜索，是在搜索过程中加入与问题有关的启发式信息，用于指导搜索朝着最有希望的方向前进，加速问题的求解并找到最优解，即考虑问题可应用的知识，动态地调用操作规则，从而让搜索变得更快。

4.2.2　盲目搜索

　　盲目搜索方法主要包括宽度优先搜索和深度优先搜索。

1. 宽度优先搜索

宽度优先搜索（breadth first search，BFS）又称为广度优先搜索，如图 4-1 所示，是最简便的图搜索算法之一，最初用于解决迷宫最短路径和网络路由等问题。整个搜索过程可以看作一个树的结构，算法从图上的一个节点出发，先访问其直接相连的子节点，若子节点不符合，再访问其子节点的子节点，按级别顺序依次访问，直到访问到目标节点为止。这种搜索方法是每层走完了才会对下一层进行搜索，以接近起始节点的程度依次扩展节点、逐层进行搜索，在对下一层的任一节点进行搜索之前，必须搜索完本层的所有节点。

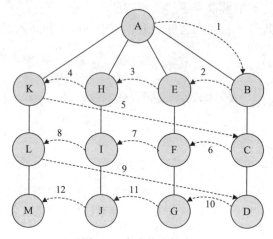

图 4-1　宽度优先搜索

以图 4-1 为例，可以理解为搜索的顺序是从第 0 层的 A 节点开始，往第 1 层分别依次访问 B、E、H、K 节点，至此第 1 层所有节点访问完毕，此时才可以对下一层继续访问。需要注意的是，在对下一层的任一节点进行搜索之前，必须搜索完本层的所有节点，直至最后访问至 M 节点，遍历完成。

2. 深度优先搜索

深度优先搜索（depth first search，DFS）如图 4-2 所示，是一种用于遍历搜索树或图的算法。搜索的过程是沿着一条路径不断往下搜索直到不能再继续为止，然后再折返，开始搜索下一条候补路径，如此重复，直到找到目标。

深度优先搜索算法

设想现在身处一个巨大的迷宫中，只能自己想办法走出去，下面是一种看上去很盲目但实际上会很有效的方法。以当前所在位置为起点，沿着一条路向前走，当碰到岔道口时，选择其中一个岔路前进。如果选择的这个岔路前方是一条死路，就退回到这个岔道口，再选择另一个岔路前进。如果岔道口存在新的岔道口，那么仍然按上面的方法枚举新岔道口的每一条岔路。这样，只要迷宫存在出口，那么通过这个方法一定能够找到它。

深度优先搜索的主要特点是沿路径搜索，以图 4-2 为例，搜索路径从第 0 层的 A 节点出发，第 1 层分化为 K、H、E、B 共 4 条子路径，那么整个搜索路径可以理解为 4 条，即 B-C-D、E-F-G、H-I-J 和 K-L-M。深度优先搜索算法会先沿着一条路径继续向下前进，若某一路径的节点非常多，而要寻找的节点却在另一条路径时，那么就可能陷入无限循环，无法得出问题的解答。

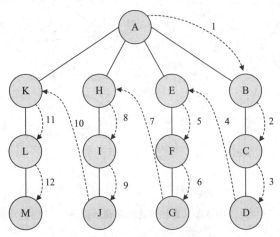

图 4-2　深度优先搜索

总结两种搜索方法的特点如表 4-1 所示。

表 4-1　两种搜索方法的特点

宽度优先搜索	深度优先搜索
时间、空间复杂度高	所需空间较少
搜索效率低，目标节点与初始节点远时会产生无用节点	可能搜索到了错误的路径
总能找到目标节点，且是最短路径节点	最终可能会陷入无限循环，不能给出答案；或者找到一个路径很长且不是最优的答案

4.2.3　启发式搜索

启发式搜索就是在搜索中要对每一个搜索的节点进行评估，从中选择最好、可能容易到达目标的节点，再从这个节点向前进行搜索，这样就可以在搜索中省略大量无关的节点，从而提高效率。

启发式搜索中比较常见的算法有贪婪最佳优先搜索算法、A*搜索算法、爬山算法、模拟退火算法、蒙特卡洛树搜索算法等。

1. 贪婪最佳优先搜索算法

贪婪最佳优先搜索算法（greedy best first search，GBS），也称贪婪算法，可以将它看作广度优先搜索算法的一种改进。其中心思想是：从起

贪婪最佳优先搜索算法

始节点出发，每次选择最优路径，直到到达目标节点。

图 4-3 展示了城市节点及节点之间的路径、路径间的距离。

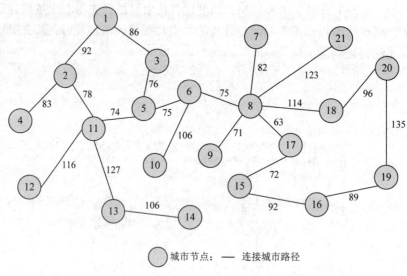

图 4-3　城市节点及路径示意图

现假设需要从节点 1 出发，通过贪婪最佳优先搜索算法找到去节点 19 的最优路径。

节点 1 的直接下级节点是节点 2 和节点 3，其中节点 1 到节点 2 的距离为 92、到节点 3 的距离为 86，根据最优原则，最优节点选择 3，路径为 1-3，路径距离为 86；节点 3 的直接下级节点只有节点 5，节点 1 到节点 5 的距离为 162，路径扩展为 1-3-5；节点 5 的直接下级节点是节点 11 和节点 6，节点 1 到节点 11 的距离为 236、到节点 6 的距离为 237，根据最优原则，下一个最优节点选择 11，路径扩展为 1-3-5-11；同理，在节点 11 的 3 个未访问的下级节点 2、12 与 13 中，节点 1 到达节点 2 的最短距离为 92、到达节点 12 的最短距离为 286、到达节点 13 的最短距离为 297，根据最优原则，选择节点 2，路径扩展为 1-3-5-11-2；节点 2 的直接下级节点为节点 4 和节点 11，节点 1 到达节点 4 的最短距离为 175、到达节点 11 的最短距离为 170，根据最优原则，最优节点为 11，但节点 11 已访问过了，最优节点选择节点 4，节点 4 没有下级节点，本次搜索结束，搜索路径为 1-3-5-11-2-4。

没有找到目标节点，搜索继续，目前已经计算了从节点 1 到达节点 6 的最短距离为 237、到达节点 12 的最短距离为 286、到达节点 13 的最短距离为 297，而这 3 个节点未被访问过，根据最优原则，节点 6 为最优节点，继续搜索，用同样的方法得到最优路径为 1-3-5-6-8-17-15-16-19，找到目标，结束搜索，搜索过程如图 4-4 所示。

可以看出路径经历了 1-3-5-11-12、1-3-5-11-2-4、1-3-5-11-13-14 共 3 次死循环后，得出了最后的路径。

贪婪最佳优先搜索算法的优点是如果最优路径存在，那么一定能找到最优路径；缺点是扩展的节点很多，效率低。

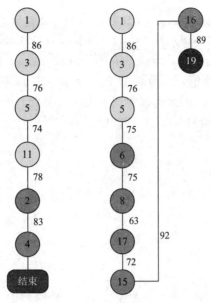

图 4-4　贪婪最佳优先搜索路径示意图

2. A* 搜索算法

A*（A-star）搜索算法是一种在静态图形中求解最短路径的最有效的直接搜索方法，从起点开始，首先遍历起点周围邻近的点，然后再遍历已经遍历过的点邻近的点，逐步地向外扩散，直到找到终点。

A-star 搜索算法

A* 搜索算法的思路类似贪婪最佳优先搜索算法，采用贪心的策略，即"若 A 到 C 的最短路径经过 B，则 A 到 B 的那一段必须取最短"，找出起点到每个可能到达的点的最短路径并记录。

A* 搜索算法与贪婪最佳优先搜索算法的不同之处在于，A* 搜索算法是一个启发式搜索算法，它已经有了一些通过问题获得的先验知识，如"朝着终点的方向走更可能走到"，它不仅关注已走过的路径，还会对未走过的点或状态进行预测。因此，A* 搜索算法相较于贪婪最佳优先搜索算法而言调整了进行搜索的顺序，少搜索了那些"不太可能经过的点"，能更快地找到目标点的最短路径。

A* 搜索算法用公式表示为

$$f^*(n)=g^*(n)+h^*(n)$$

其中，$f^*(n)$ 是从起始节点经由节点 n 到达目标节点的估算距离；$g^*(n)$ 是从起始节点移动到节点 n 的距离；$h^*(n)$ 是节点 n 距离目标节点的预计距离，也就是 A* 搜索算法的启发函数。

使用 A* 搜索算法，对如图 4-5 所示城市节点及路径，找到从节点 1 出发到节点 19 的最优路径。

分析：节点 1 的直接节点 2 和节点 3，如果从节点 2 到达节点 19，$g^*(2)$ 为 92，$h^*(2)$（从节点 2 到达节点 19 的估计最小值，经由节点 11-5-6-8-17-15-16-19）为 618，$f^*(2)$ 为

710；如果从节点 3 到达节点 19，$g^*(3)$为 86，$h^*(3)$（从节点 3 到达节点 19 的估计最小值，经由节点 5-6-8-17-15-16-19）为 542，$f^*(3)$为 628，按照最优原则，选择节点 3，再访问节点 5，以节点 5 作为起点，节点 5 有两个直接节点 11 和 6，节点 6 到达节点 19 有最优路径，即 $h^*(6)$有最小值，而节点 11 的直接节点为 12 和 13，没有到达节点 19 的最优路径，即 $h^*(11)$无限大，因此选择节点 6 为最优节点。用同样的方法，直到找到目标节点 19，路径为 1-3-5-6-8-17-15-16-19，如图 4-5 所示，这样避免了死循环，提高了搜索效率。

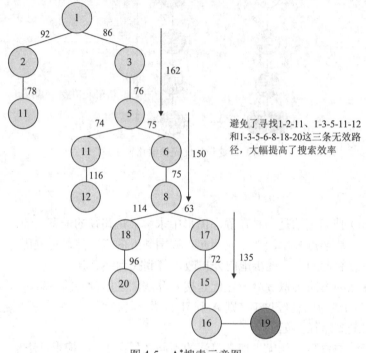

避免了寻找1-2-11、1-3-5-11-12和1-3-5-6-8-18-20这三条无效路径，大幅提高了搜索效率

图 4-5　A*搜索示意图

A*搜索算法常用于路径规划，如机器人的最优路径规划，游戏中非玩家角色（non-player character，NPC）及控制角色的位置移动，地图导航，扫地机器人、无人机、无人驾驶汽车等的路径规划。

3. 爬山算法

爬山（hill climbing）算法又称为贪婪局部搜索算法，该算法每次都会从当前解的临近解空间中选择一个最优解并将其作为当前解，直至达到一个局部最优解。如图 4-6 所示，它在增加山峰高度（数值）的方向上连续移动，以找到峰顶（最佳解决问题的方法）为目的，在到达峰顶时终止。爬山算法不一定能找到最高的峰顶，当找到一个相对高的峰顶时算法就会停止搜索。此时，在这个局部最高的峰顶无论向哪个方向小幅度移动都不能得到更优的解。

爬山算法是一种局部搜索算法，总是会选择相邻状态中最好的一个，在搜索过程中可能会遇到以下问题。

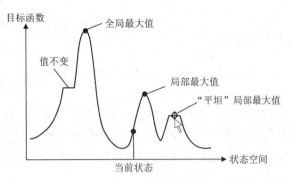

图 4-6　爬山算法

1）解是局部极值，而不是全局极值。

2）在平坦的局部极值区域中，搜索一旦到达了一个平顶，就无法确定要继续搜索的最佳方向，此时会产生随机走动。

3）在山脊处可能有陡峭的斜面，搜索可以很容易地到达山脊的顶部，但山脊顶部与山峰之间的倾斜度很平缓，易造成一系列的局部极值；搜索可能沿着山脊顶部来回移动，搜索的步伐会很小，无法跳出去搜索山峰。

4. 模拟退火算法

模拟退火算法来源于固体退火原理，将高温物体徐徐冷却，慢慢达到一个稳定的状态。高温时，内部粒子内能大，粒子可能在固体内部的任何地方活动；当温度慢慢冷却，粒子内能减少，活跃度降低，活动范围慢慢减小；当固体冷却完毕或者达到平衡稳定时，粒子的位置就固定了，就可以获取最优解。

模拟退火算法的主要思想是：在搜索区间随机游走，再利用蒙特卡洛模拟（Metropolis）抽样准则，使随机游走逐渐收敛于局部最优解。

如图 4-7 所示，采用模拟退火算法求函数 $f(x)$ 的全局最小值。

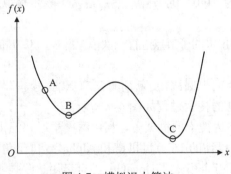

图 4-7　模拟退火算法

模拟退火算法从 A 点开始搜索，随着 $f(x)$ 的值持续减小，算法会搜索到局部最优解 B 点，此时它会以一定的概率向右继续移动，也许经过几次这样的不是局部最优的移动后，算法就会到达 B 点和 C 点之间的峰顶，于是就可以跳出局部最优解 B 点，最终搜索到全局最优解 C 点。

5. 蒙特卡洛树搜索算法

蒙特卡洛树搜索（Monte Carlo tree search，MCTS）算法是一种用于决策的启发式搜索算法。

蒙特卡洛树搜索算法的设计思路是模拟下棋过程。下棋时，棋手并没有在脑海中把所有可能的走子方法列出来，而是根据棋感在脑海中大致筛选出几种最可能的走法，然后思考走了这几种走法之后对手最可能的走法，再思考自己接下来最可能的走法。

蒙特卡洛树搜索算法

这个过程可以分解为 4 个子过程：选择（selection）、扩展（expansion）、模拟（simulation）和回溯（backpropagation）。

按照设计思路，假定模拟 21 局棋，其中胜局为 12，把各个不同的棋局及落子策略作为蒙特卡洛树的节点，每个节点有两个值，代表这个节点以及它的子节点模拟的次数和赢的次数，比如模拟了 10 次，赢了 4 盘，记为 4/10，构建的蒙特卡洛树如图 4-8 所示。

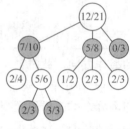

图 4-8　蒙特卡洛树

（1）选择

从根节点开始，根据 UCT 函数选择一个最有潜力的子节点，向下搜索，直到找到一个还有可扩展的子节点（还没模拟过所有的对手行动的节点），UCT 函数的定义如下：

$$\mathrm{UCT}(v_i, v) = \frac{Q(v_i)}{N(v_i)} + c\sqrt{\frac{\log(N(v))}{N(v_i)}}$$

其中，v_i 表示当前节点；v 表示 v_i 的父节点；$Q(v_i)$ 表示 v_i 节点赢的次数；$N(v_i)$ 表示该节点模拟的次数；C 是一个常数。

（2）扩展

扩展是对可拓展的节点进行的，即随机添加一个新的子节点。例如，将刚刚选择的节点加上一个统计信息为“0/0”的节点，然后进入下一步模拟。

（3）模拟

模拟是对上一步扩展出来的子节点进行一次模拟游戏，双方随机下子，直到分出胜负。

（4）回溯

从扩展出来的子节点向上回溯，更新所有父节点的参数，即获胜次数和被访问次数。

蒙特卡洛树搜索算法的搜索过程如图 4-9 所示。

AlphaGo 在蒙特卡洛树搜索的框架下，利用深度学习和强化学习技术进行训练和评估，其中用到了人类棋手以往的 16 万盘棋谱和 AlphaGo 自己左右互博产生的 3000 万盘棋谱，以及人类总结的几万个模式。AlphaGo 综合运用这些技术，成为高水平的围棋程序，并于 2016 年 3 月以 4∶1 的成绩战胜了韩国围棋职业高手李世石。AlphaGo 的创新之处主要体现在两个方面：一是发展了强化学习技术；二是在围棋这个平台上将传统的搜索技术与深度学习技术很好地结合，实现了理性与感性的良好融合。

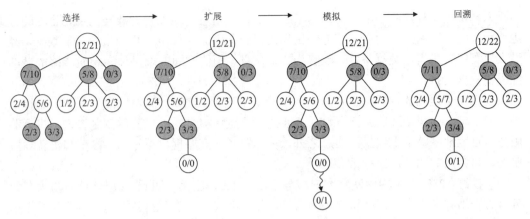

图 4-9　蒙特卡洛树搜索示意图

4.2.4　搜索技术应用——移动机器人路径规划

移动机器人是机器人研究领域的一个热点,用以从事各种生产作业,使工业生产实现高度自动化。如搬运机器人搬运货物,可以替代人类去完成那些繁重、重复性、有害身体健康和具有危险性的工业生产劳动;空间移动机器人被送入宇宙,可以对外太空资源进行探测开发;水下移动机器人可以用于海底探索、海底开发以及水下救生等方面。在未来战争中,移动机器人可以普遍用于排雷、侦察、战斗等众多场合,替代人类完成危险任务。除了工业和军事上的应用,移动机器人也越来越多地应用于人们的日常生活中,如服务式移动机器人,可以服务于清洁卫生、家庭维护、病人护理、商业导购等众多场合。

移动机器人通过自身携带的各种传感器感知自身状态以及周围环境信息,据此来完成在未知环境中躲避障碍物,实现从一个起始位置到一个目标位置的自主运动。当移动机器人为了完成一项任务进行移动时,必须为如何在周围环境中移动做出一个路径规划。

移动机器人的路径规划方法主要分为传统的路径规划算法、基于采样的路径规划算法和智能仿生路径规划算法。传统的路径规划算法主要有 A 算法、Dijkstra 算法、D 算法、人工势场算法等;基于采样的路径规划算法有 PRM 算法、RRT 算法等;智能仿生路径规划算法有神经网络算法、蚁群算法、遗传算法等。

4.3　项目实施

4.3.1　案例鉴赏:智能出行领域的电子地图和铁路 12306

现如今,地图已从陈旧的纸质载体发展成能在手机端下载运用的软件,驾车出行、步行等运用电子地图的智能导航功能是很普遍的事情,电子地图已成为人们出行必不可少的依靠。

智能导航看似简略快捷的背后,需要强大的人工智能等高新技术支撑,也离不开人力投入和实地采样操作。出行前，越来越多的人运用电子地图查看线路，规划合理的行走路径，电子地图为人们提供了方便快捷的出行参考。人们出行所产生的大量数据，经过人工智能技术提取数据特征，能够为道路规划、预估时间的准确性和导航道路的精准性提供数据支持。

现在电子地图软件厂商正纷纷介入智能城市建设。比如，高德地图进军智能旅行商场，与全国 5A、4A 级景区官方数据共通共享，能够实时为用户提供景区咨询、投诉等服务。百度地图除了上线景区信息之外，另辟蹊径，宣布提供景区 AR 导游和语音导游服务，可为用户的景区出行效劳。

"铁路 12306"是中国铁路客户服务中心推出的官方手机购票应用软件，与火车票务官方网站共享用户、订单和票额等信息，并使用统一的购票业务规则，该软件具有车票预订、在线支付、改签、退票、订单查询、常用联系人管理、个人资料修改、密码修改等功能。

2024 年，铁路 12306 APP 升级增加"票务预订预填"（试点）和"票务销售提醒"功能，以提高购票的便利性和效率。如图 4-10 所示，点击"预填"按钮，进入车次列表界面，选择需要的车次，如图 4-11 所示，再选择需要的座位类型，如二等，点击右侧的"预填"按钮，就可以预填选择的车次和座位。

图 4-10　新增"票务预订预填"功能

图 4-11　选择车次

4.3.2   训练实操：基于智慧搜索的出行路径与方案规划

1. 基于智慧搜索的出行路径规划

目前，智能手机中电子地图软件种类较多，这些电子地图软件都可以实现路径规划这一功能。本训练实操以高德地图为例，实现从北京西站到首都机场途经鸟巢文化中心的路径规划。

（1）智能路径规划

步骤一：首先输入出发地"北京西站"，目的地"首都机场"，导航会自动规划路线，但有时存在限宽和限高等设施，还需绕路，需要自己改动规划路线，如图4-12所示。

步骤二：在导航现有路线上，增加途经点鸟巢文化中心，在地图上长按所需经过的地点或路口，页面会弹出途经点选项，然后点击途经点，导航就会自动重新规划路线，途经点可以增加多个，就可以规划出自己想要的路线了。

（2）设置途经点

步骤一：在电子地图上选择地点规划路线。在电子地图页面找到目的地，长按弹出可操作信息框，点击右下角的导航，即可完成路线规划并进入导航状态，如图4-13所示。

图4-12   北京西站至首都机场路线一览   图4-13   目的地首都机场

步骤二：进行路线管理设置并支持途经点增加，如图4-14所示。

步骤三：进入路线管理页面，起点默认是当前点，也可变更；设置起点、途经点、终点方式相同，主要包括手动输入，点击文本框进入搜索页面或点击文本框下拉菜单，弹出其他设置方式，选择使用当前位置、在地图上选取或从收藏夹选择。

完成起点、途经点、目的地设置，即可进入路线规划，如图 4-15 所示。规划方式提供多种，可根据实际需要进行选择，并提供模拟导航，实现规划路径预估路途时长、计算路途长度、红绿灯数量、过路费等功能。

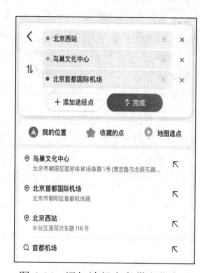

图 4-14　添加途经点鸟巢文化中心

图 4-15　添加途经点路径规划

2. 基于智慧搜索的出行方案规划

近年来，高德地图、百度地图等通过科技创新，打造了涵盖多种场景的数字化出行服务。这些平台整合了城市和城际出行的全品类服务，包括公交地铁、出租车、网约车、骑步行、顺风车、火车、客运和飞机等，满足了用户多样化、个性化的出行需求，提供了便捷的智慧出行体验。

例如，高德地图的"公交"功能可帮助用户精准选择交通工具和时间，简化购票流程，减少因信息不对称带来的困扰，让用户规划行程时更加省心。

以下是基于高德地图 APP 的城际智慧出行方案规划操作步骤。

步骤一：在应用市场下载并安装高德地图 APP，设置手机定位。

步骤二：打开高德地图 APP，在首页点击"公交"，如图 4-16 所示。

步骤三：在打开的界面中选择"公共交通"，如图 4-17 所示，在"我的位置"处使用定位功能，获取手机所在地作为出发地点，或者输入出发地点如"上海"，在输入终点处输入目的地，如"北京"，点击"确认"，再点击"搜索"，这时系统会规划出多种出行方案供用户选择，如图 4-18 所示，往上滑动屏幕，可以看到更多出行方案，如图 4-19 所示，用户可以从中选择最合适的出行方案。

图 4-16　选择"公交"出行方式

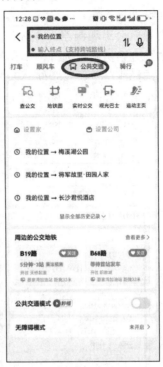

图 4-17　输入起始地点

图 4-18　多种出行文案及参考价格

图 4-19　更多出行文案选择

步骤四：如果在"我的位置"处使用手机定位功能，获取手机所在地作为出发地点，在输入终点处输入目的地，如"珠江花园"（这时如果出现多个同类地址，需要选择目标地址，否则导航会出现偏差），点击"确认"，再点击"搜索"，这时系统会提供多种市内公交出行方案供用户选择，如图4-20所示。

步骤五：选择线路，如"智轨A2线"，点击"开始导航（下车提醒）"按钮，系统会自动设置下车语音提醒，如图4-21所示。

图 4-20 市内多路线界面

图 4-21 选择"智轨 A2 线"界面

思政苑

智能导航助推"天问一号"成功登陆火星

2021年5月15日，中国第一辆火星车"祝融号"登陆火星，这意味着中国成为历史上第二个把火星车送上火星表面的国家。"天问一号"探测器围绕火星运行几个月后，释放了"祝融号"火星车，在乌托邦平原着陆；火星车重240千克，突破重重险境在火星表面着陆，包括进入大气层，借助超音速降落伞减速，最终利用制动火箭安全着陆。"祝融号"火星车如图4-22所示。

在地球上，我们可以靠GPS、北斗卫星来导航。脱离地球范围，这些导航都是无效的。在茫茫太空，如何确保"天问一号"不会迷路？"天问一号"是靠什么来导航的呢？答案是靠光学自主导航。

其实，在古代就有了光学自主导航。那个时候，它有另外一个名称——天文导航（牵星术）。古代船只在远洋航行的时候，经验丰富的水手会通过恒星与月亮的位置来判断航向。即使在现代，在分辨不清楚东南西北的野外，依然可以以北极星辨明方向。

图 4-22　"祝融号"火星车

　　光学自主导航根据参照物的不同分为基于太阳和行星的导航以及基于小行星的导航两种。

　　"天问一号"有两台全新研制的设备：光学导航敏感器和红外导航敏感器，它们会在不同阶段帮助"天问一号"确定位置与速度。光学导航敏感器主要用于巡航段，利用拍摄的恒星与火星图像，精确计算出自身的飞行姿态、位置与速度，实现相对火星的自主导航，这是我国首次在行星际转移飞行过程中应用光学自主导航技术。红外导航敏感器用于环绕段，在"天问一号"成为火星卫星的时候，用于测量"天问一号"探测器的轨道位置和速度，该敏感器可以在一千万千米以外的距离识别出火星，从而帮助"天问一号"自主找到正确的前进道路，奔赴火星。

讨论与思考

1. 判断题

（1）计算机具备逻辑推理、有意识地理解世界的能力。　　（　　）

（2）搜索和推理都是计算机解决问题的基本方法。　　（　　）

（3）人工智能中大多数问题的状态空间在问题求解之前是全部知道的。　　（　　）

（4）盲目搜索适用于求解比较复杂的问题。　　（　　）

（5）盲目搜索按预先规定的搜索控制策略进行搜索。　　（　　）

（6）爬山算法是一种全局搜索算法。　　（　　）

（7）模拟退火算法可以达到全局的最优解。　　（　　）

（8）AlphaGo 使用了搜索技术中的蒙特卡洛搜索算法。　　（　　）

2. 选择题

（1）盲目搜索不包括（　　）。

A. 宽度优先搜索　　　B. 深度优先搜索　　　　C. 爬山算法

（2）搜索问题不包括（　　）。

A. 搜索目标　　　　　B. 搜索空间　　　　　　C. 搜索途径

（3）蒙特卡洛搜索算法的 4 个步骤：选择、扩展、模拟和（　　）。

A. 回溯　　　　　　　B. 总结　　　　　　　　C. 回顾

（4）使用以下（　　）算法能得出全局最优解。

A. 爬山　　　　　　　B. 模拟退火　　　　　　C. 深度优先搜索

（5）机器人导航技术重要问题不包括（　　）。

A. 运动控制　　　　　B. 定位　　　　　　　　C. 路径规划

初见机器学习

学习目标 ☞

- 了解机器学习的具体定义、算法分类、应用流程；
- 了解感知机、误差传播、深度神经网络、深度学习；
- 了解机器学习在数字孪生、边缘计算、预测性维护、生产排产智能化、机器翻译领域的应用；
- 熟练掌握运用"文小言"实现专业规划的方法；
- 熟练掌握使用基于机器学习的翻译软件实现多语种文本拍照翻译；
- 通过介绍机器学习在火星车登陆中的应用，引导学生认识到科技对于国家繁荣富强的重要性，激发学生的科技报国情怀，树立为国家繁荣富强努力学习的决心。

▋5.1 项目描述

机器学习（machine learning，ML）是人工智能的一个子集，是人工智能中最具智能特征、最前沿的研究领域之一。其主要任务是指导计算机从数据中学习，然后利用学习到的"经验"来改善自身的性能。在机器学习中，算法会不断进行训练，从大型数据集中发现模式和相关性，然后根据数据分析结果做出最佳决策和预测。机器学习应用具有自我演进能力，它们获得的数据越多，准确性就会越高。

机器学习可以应用在基于知识的系统中，还可以应用在自然语言理解、非单调推理、机器视觉、模式识别等许多领域。一个系统是否具有学习能力已成为其是否具有"智能"的一个标志。

本项目带领大家初步认识机器学习，主要内容有了解机器学习的具体定义、算法分类和应用流程，以及机器学习的子类——深度学习；鉴赏智能制造领域的数字孪生、边缘计算、预测性维护模型；最后通过两个训练实操来进一步认识机器学习。

▋5.2 知识准备

▋5.2.1 机器学习简介

人类的学习过程是通过获取一定的经验或知识，进而对新问题进行预测或决策。例如，小朋友认识猫的过程是这样的，最初妈妈会通过图片或真实的猫来教小朋友认识一些不同形态的猫，如图 5-1 所示。在随后的日子里，小朋友还会不断地学习更多不同形态的猫，如图 5-2 所示。慢慢地，他们就在大脑中记住了猫的特征，如图 5-3 所示。

当遇到新形态的猫或猫的图片时，小朋友就会回忆大脑记忆中动物的形象特征，如图 5-4 所示，找到与猫类似的动物形象时，会把它们视为同一类，并将它们认出来，如图 5-5 所示。

图 5-1 小朋友认识"猫"

图 5-2　认识更多的"猫"

图 5-3　小朋友记住"猫"的特征

图 5-4　将新图片与记忆中动物图片比对

图 5-5　认出新图片为猫

人类的学习过程及方法可以概括为，从大量的数据或经验中学习，通过归纳总结提炼出事物的特征或规律，在掌握这些特征或规律后，运用所学知识对新情境或新数据进行预测或决策，如图5-6所示。

图5-6　人类的学习过程

机器学习类似于人类的学习过程及方法，是专门研究计算机模拟或实现人类的学习行为，从而获取新的知识或技能，并重新组织已有的知识结构，以不断改善自身性能的科学。机器学习是人工智能的核心技术，是使计算机具有智能的根本途径。

机器学习是一类算法的总称，这类算法试图从大量历史数据中挖掘隐含的规律，或从经验中归纳得出某一模型，然后利用此模型进行预测或者分类，如图5-7所示。这个过程跟人的学习过程有些类似，比如人获取一定的经验，可以对新问题进行预测。具体地说，机器学习可以看作是寻找一个函数，输入是样本数据，输出是期望的结果，只是这个函数过于复杂，以至于不太方便形式化表达。机器学习的目标是使学到的函数能很好地适用于"新样本"，而不仅仅是在训练样本上表现很好。学到的函数适用于新样本的能力，称为泛化能力。

什么是机器学习

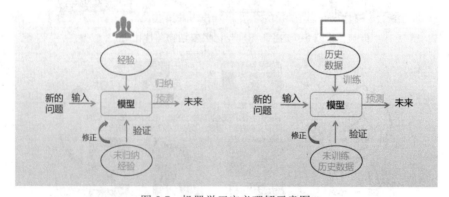

图5-7　机器学习定义理解示意图

例如，为了使计算机能够自主地认识不同品种、不同形态的猫，并且能够假设各种不同情况，知道不同情况下该如何应对，首先要教计算机"认识"不同品种、不同形态的猫，这叫"训练"，如图 5-8 所示。当训练的数据足够多时，机器就学会了识别猫，并总结出识别猫的特征或规律（如猫的脑袋圆、眼睛大，耳朵尖等），这个过程叫"建立模型"，如图 5-9 所示。模型创建后，使用未训练的猫的图片来验证模型是否正确，如果存在误差，就要修正模型，然后使用修正后的模型（如猫具有脑袋圆、眼睛大、有胡须、耳朵尖、毛发柔软等特征）来识别新的图片，如图 5-10 所示。

图 5-8　机器学习之"训练"

图 5-9　机器学习之"建立模型"

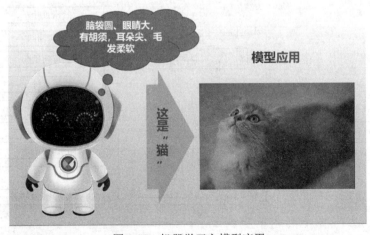

图 5-10　机器学习之模型应用

用作机器学习的"猫"的图片叫"训练集"或"数据集"。数据的质量和数量对学习效果有着直接影响，数据是模型训练的基石。数据的来源可以是企业内部积累的大量数据，包括用户行为数据、销售数据、运营数据、机床设备运行数据等；或者通过爬虫技术获取的网络数据，如图片、文本、微博、股票数据等；或者是第三方数据源，如政府、研究机构、私营公司等提供的免费或付费数据等。

挖掘猫的特征并建立识别猫的模型的过程依赖于算法。算法是模型训练和优化过程中所采用的计算步骤和方法，它决定了模型如何从数据中学习并进行自我改进。算法是机器学习的核心要素。

算法挖掘出来的、识别出猫的特征（如脑袋圆、眼睛大，有胡须，耳朵尖、毛发柔软等）的是模型。模型是从数据中挖掘出来的事物隐含的规律或从历史经验中归纳总结出来的结构化表达形式，是用来描述输入特征与输出结果之间关系的数学模型，旨在模拟客观世界的某些方面，用于预测未来、分类、聚类等任务。数据、算法和模型是机器学习的三大要素。算法通过在数据上进行运算产生模型。数据、算法和模型如图 5-11 所示。

图 5-11　机器学习三大要素

机器学习算法中最重要的就是数据，根据使用的数据形式，主要可以分为监督学习（supervised learning）、无监督学习（unsupervised learning）、弱监督学习（weakly supervised learning）和强化学习（reinforcement learning）。机器学习思维导图如图 5-12 所示。

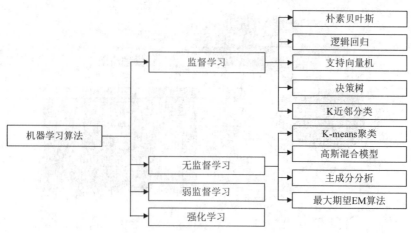

图 5-12　机器学习思维导图

5.2.2 机器学习算法

1. 监督学习

监督学习是使用标注好类别的数据集对机器进行训练。例如，将标注好猫、狗的图片（几千张或更多图片）输入机器，告诉机器哪张图片是猫、哪张图片是狗，机器会从中学习分辨猫、狗的细节，如从毛发到眼睛再到耳朵的特征等，然后运用学习的这些特征，举一反三，去识别一张从没见过的图片是猫还是狗。通过大量的学习，机器就能识别预测出其他"猫""狗"的图片。监督学习示例如图 5-13 所示。这种学习方式效果好，但是成本高，因为需要人工标注图片。

常见的监督学习算法有朴素贝叶斯（naive Bayes，NB）、逻辑回归（logistic regression，LR）、支持向量机（support vector machine，SVM）、决策树（decision tree，DT）、K 近邻（K-nearest neighbor，KNN）分类等。

（a）模型训练

（b）模型应用

图 5-13 监督学习示例

2. 无监督学习

无监督学习是使用未标注的数据集输入机器进行训练，让机器自行发现数据中隐藏的模式或内在结构。给数据打上标签往往需要大量的人力、物力和时间。此外，人的经验虽然有助于机器掌握事物的运行规律，但也有可能存在缺陷。相比之下，让机器自主发现新的、更好的规律可能更为有效。例如，给机器一堆猫和狗的图片，但不给这些图片打任何标签，而是希望机器能够自行将这些图片区分出来。无监督虽然跟监督学习看上去结果差不多，但是有着本质的差别。在无监督学习中，虽然照片中有猫和狗，但是机器并不知道哪个是猫、哪个是狗。对于机器来说，相当于分成了 A、B 两类。无监督学习示例如图 5-14 所示。

（a）模型训练

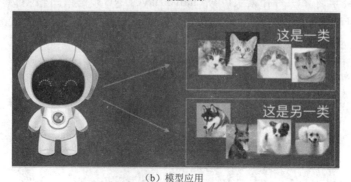

（b）模型应用

图 5-14　无监督学习示例

3. 弱监督学习

弱监督学习与传统的监督学习相比，其使用有限的、含有噪声的或者标注不准确的数据来进行模型参数的训练。弱监督学习是利用已知数据和其一一对应的弱标签来训练一个智能算法，并将输入数据映射到一组更强的标签的过程。标签的强弱指的是标签蕴含的信息量的多少。

图 5-15　背景复杂的猫

如果有一幅复杂的图，图上有一只猫，还有一系列复杂的背景，如图 5-15 所示。如果仅仅告诉机器图上有一只猫，这就是只赋予了机器一个弱标签，然后需要机器把猫在哪里、猫和背景的分界在哪里找出来，这就是一个基于弱标签去学习强标签的过程。

4. 强化学习

强化学习也是使用未标记的数据，但是在训练过程中，根据每一步行动得到反馈，知道距离正确答案越来越近还是越来越远（即奖惩函数），不断地调整策略，直到达到目标，强调的是如何基于环境而行动以取得最大化的收益。强化学习类比于人与环境交互。例如，小朋友学习认识苹果的过程就类似强化学习。当小朋友认对苹果时，妈妈会奖励他一朵小红花；而当他认错苹果时，妈妈会给予他一个小惩罚。在这样不断奖惩的学习过程中，小朋友逐渐学会了认识苹果，之后又学会区分红苹果、青苹果等。强化学习示意如图5-16所示。当然，强化学习的机制比小朋友认识苹果的过程要复杂得多。

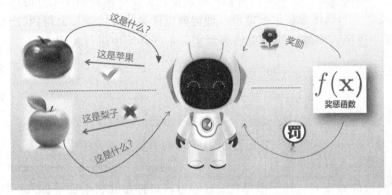

图 5-16　强化学习示意图

在夜间得不到良好照明的环境下开车也类似于强化学习。司机在几乎完全黑暗的情况下驾驶，如何保障车辆行驶在道路上呢？只能够通过方向盘的触感，如果感觉车轮撞击了异物（错误答案），则需要回转方向盘让车辆回到道路上（正确答案）；实际上扫地机器人等设备利用强化学习去感知地形也是基于类似的操作。

5.2.3　机器学习应用流程

使用机器学习算法处理实际问题的一般流程如图5-17所示。

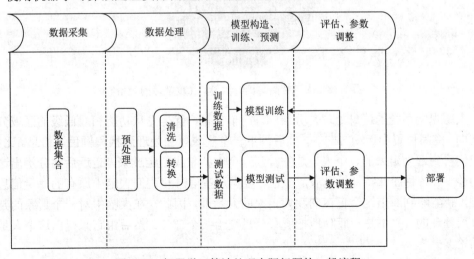

图 5-17　机器学习算法处理实际问题的一般流程

1）数据采集：数据集的质量和数据集的规模可直接影响后续机器学习模型的分类预测性能。

2）数据处理：采集完毕的数据信息通常情况下参差不齐，可采用数据标注、数据清洗、数据抽样、数据切分等操作，以提高数据集的整体质量。

3）模型构造、训练、预测：选择合适的机器学习算法构造模型，将处理完毕的数据切分为训练数据集与测试数据集，通过计算机独立训练数据，使得模型具备预测测试数据属性的能力。

4）评估、参数调整：根据实际问题需求设定评价指标来评估模型性能优劣，并根据评估结果对模型中的具体参数进行调整，使得模型在某些评价指标上得到进一步提高。

5）部署：选择效果最好的模型部署到实际生产环境中进行使用。

5.2.4 深度学习

什么是深度学习

1. 深度学习概述

深度学习（deep learning，DL）是机器学习的子集，其灵感来源于人类大脑的工作方式，是通过模仿人脑对于信息的处理方式，利用深度神经网络（deep neural network，DNN）来解决特征表达的一种学习过程。它的最终目标是让机器能够像人一样具有分析学习能力，能够识别文字、声音、图像等数据。人工智能与机器学习、深度学习的关系如图 5-18 所示。

图 5-18　人工智能与机器学习、深度学习的关系

人脑视觉系统的信息处理是分层的。简单来说，就是先从功能相对低级的区域分辨出朝向、空间位置和运动方向等，然后到下一个区域再去处理形状和颜色等信息。比如，当我们看到远处走来的一个人，是先看到一个人朝着我们走过来，走近后才分辨出这个人的脸型、各种面部特征以及衣服颜色，根据这些信息和我们大脑中原有的海量信息做匹配，就能够判断出这个正在向我们走来的人是谁。因此，在大脑中对一个形象的判别是分层处理的，并不是一股脑地把所有信息交给某个部分，然后由它来得出这个人是谁的结论。

深度学习就是借鉴人脑的信息处理过程，对信息进行分层处理、特征提取和分类。它的实质是通过构建具有很多隐含层的机器学习模型和海量的训练数据，来学习更有用的特征，从而最终提升分类的准确性。

为了模拟人脑的构造，首先需要了解人脑神经元的结构（见图 5-19）与功能。神经元是人脑的基本信息处理单元，它负责接收、处理信息，并将信息传递给其他神经元。在人工神经网络中，神经元是对人脑神经元的一种抽象、简化和模拟，是构建人工神经网络的关键部分。

通过神经元，人工神经网络能够用数学模型来模拟人脑神经元的活动。这种模拟不仅能够实现高效的信息处理和计算，还能够支持复杂的模式识别、分类和预测等任务。神经元的这种功能使得人工神经网络在多种应用领域中表现出色，如图像识别、语音处理和自然语言理解等。多神经元信号（信息）输入输出如图 5-20 所示。

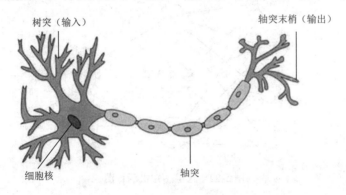

图 5-19　人脑神经元示意图

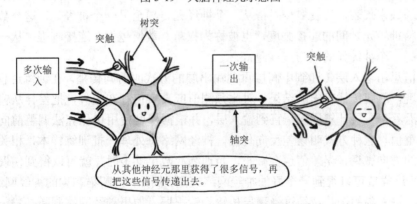

图 5-20　多神经元信号（信息）输入输出示意图

将神经元的信息处理原理应用到计算机中，就是感知机模型，如图 5-21 所示，它是一个有若干输入和一个输出的线性关系模型，是神经网络的基本单元，主要通过执行计算任务来识别输入数据的特征，例如判断图像是猫还是狗。

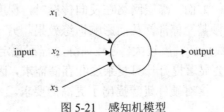

图 5-21　感知机模型

　　感知机模型接受输入数据，为了模拟人脑神经元的兴奋程度，每个输入数据都与一个权重相乘；如果加权输入的总和大于阈值，则神经元输出 1，否则输出 0，因此，只能用于二元分类，且无法学习比较复杂的非线性模型。解决这一问题的办法是在原有的单层感知机上叠加层，使其变成多层感知机，其中输入与输出之间的中间层叫隐藏层，如图 5-22 所示，圆圈代表人工神经元，也就是微小的计算单元，这些神经元在兴奋时会把信号传递给相连的另一个神经元（和真正的神经元传导兴奋的方式一样）。

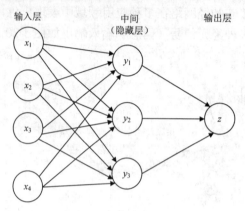

图 5-22　三层感知机示意图

　　每个神经元的兴奋程度用一个数字代表，例如 0.13 或 0.32，两个神经元的连接处用一个重要的数字代表，代表多少兴奋从一个神经元传导至另一个神经元。这个数字是用来模拟人脑神经元之间的连接强度，也被称为权重。数值越大，连接越强，从一个神经元传导至另一个神经元的兴奋度就越高。

　　这种信息由输入层传递到中间层再到输出层的方式叫前向传播。在训练过程中，研究人员发现，前向传播输出的结果，对比预测值或真实值存在差异，把差异从输出层开始，反向沿着每一层计算梯度，直到输入层，并根据梯度使用优化算法调整前向传播中的相关权重值，这种方式叫误差反向传播。神经网络每处理一批训练样本，相关权重都会向正确的方向微调，误差值也会减小，当训练次数足够多时，就可以得到使误差最小化的参数，这样就可以得到一个好的神经网络模型。例如，判断猫和狗的神经网络模型。在训练时，输入狗的图片，经过隐藏层传输到输出层，如果神经网络判断是猫，显然判断是错误的，说明神经网络模型与真实结果有差异，这时要把差异从输出层经隐藏层传递到输入层，并根据优化算法调整前向传播中的权重值，反复训练，直到神经网络模型判断正确。误差反向传播如图 5-23 所示。

　　在误差反向传播过程中，随着网络层数的增加，虽然能够学习到更复杂的特征，但同时也带来了诸多挑战。一方面，深层网络在反向传播时，梯度可能会逐渐变小，导致靠近输入层的参数更新缓慢甚至停滞，从而影响训练效果。另一方面，梯度也可能在反向传播中逐渐变大，使参数更新幅度过大，导致训练过程不稳定，进一步增加训练难度。此外，网络层数的增加还会显著提升计算复杂度和存储需求，因为深层网络需要处理更多的参数和中间计算结果，这对硬件资源提出了更高的要求。

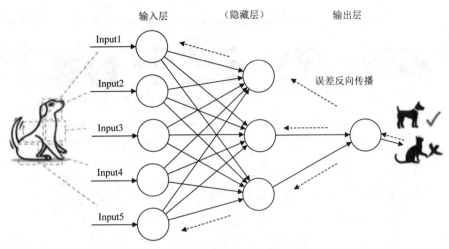

图 5-23 误差反向传播示意图

2006 年，杰弗里·辛顿团队在世界顶级学术期刊《科学》发表了关于神经网络理念突破性论文，提出了一种新的训练深度网络的方法：对每一层网络先进行预训练，然后利用误差反向传播进行参数微调，这种逐层预训练的方式降低了多层神经网络的训练难度，而且这种拥有多个隐藏层的神经网络能够具有自动提取特征学习的能力，相比传统的手工提取特征的机器学习具有更好的效果。因此，在感知机的基础上扩展形成了深度神经网络模型，深度神经网络模型如图 5-24 所示。"深度"是指神经网络中"隐藏层"的数量。

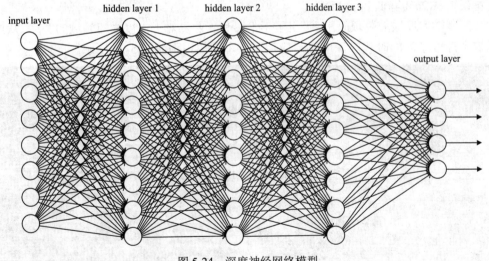

图 5-24 深度神经网络模型

深度学习是基于深度神经网络模型的一种方法。现代深度学习通常包含数十个甚至上百个连续的表示层，这些表示层全是从训练数据中自动学习的。与此相反，其他机器学习算法的重点往往是仅仅学习一两层的数据表示，因此有时也被称为浅层学习（shallow learning）。机器学习与深度学习对比如图 5-25 所示。

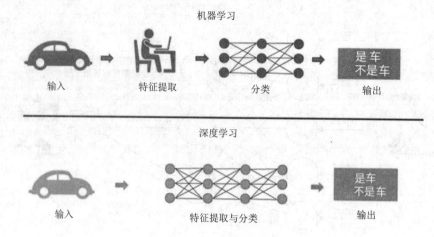

图 5-25　机器学习与深度学习对比示意图

2. 深度学习的发展历程

（1）深度学习的崛起

2012 年，在著名的 ImageNet 图像识别大赛中，杰弗里·辛顿团队采用深度学习模型一举夺冠。同年，由斯坦福大学吴恩达教授和世界顶尖计算机专家杰夫·迪恩共同主导的深度神经网络技术在图像识别领域取得了惊人的成绩，在 ImageNet 评测中成功地把错误率从 26% 降低到了 15%。

深度学习算法的脱颖而出，吸引了学术界和工业界对于深度学习领域的关注。从此，开启了深度学习的时代。深度学习应用于汽车图像识别如图 5-26 所示。

图 5-26　深度学习应用汽车图像识别示意图

（2）人脸识别的突破

随着深度学习技术的进步以及数据处理能力的提升，2014 年，Facebook 基于深度学习技术的 DeepFace 项目，在人脸识别方面的准确率已经能达到 97% 以上，与人类识别的准确率几乎没有差别，再次证明了深度学习算法在图像识别领域的强大能力。

（3）AlphaGo 的胜利

2016 年，谷歌基于深度学习开发的 AlphaGo 以 4:1 的比分战胜了国际顶尖围棋高手李世石。后续 AlphaGo 又接连战胜众多世界级围棋高手，证明了基于深度学习技术的机器人在围棋领域已经超越了人类。

（4）AlphaGo Zero 的诞生

2017 年，基于强化学习算法的 AlphaGo 升级版 AlphaGo Zero 横空出世，采用"从零开始""无师自通"的学习模式，以 100∶0 的比分轻而易举地打败了之前的 AlphaGo。除了围棋，它还精通国际象棋等其他棋类游戏，可以说是真正的棋类"天才"。

3．深度学习的应用场景

（1）字符识别

深度学习通过对已知类别的数字、字母类字符进行标记训练，可得到一个能识别大多数文本的字符检测模型。将模型应用到生产环境，可自动识别纸张、塑料、金属等材质表面的字符，且具有超强的抗背景干扰能力。如在工厂里，机器可以自动识别产品上的标签文字，即使这些文字在复杂的背景下也能被准确识别。字符检测示例如图 5-27 所示。

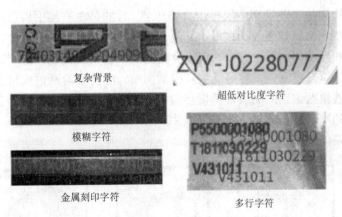

图 5-27　字符检测示例

深度学习模型非常灵活，可以适应字符缩放、形变、扭曲等形态变化，也可以适应字符间隔变化。即使文字被拉伸或挤压，深度学习模型依然能够准确识别。除了识别正常文字，深度学习模型还可以检测字符的缺陷。比如在印刷过程中，模型可以识别出文字是否缺失笔画、是否有污点等。字符局部缺陷识别如图 5-28 所示。

图 5-28　字符局部缺陷识别

（2）图像处理

深度学习模型通过大量图像训练，可以学会识别和处理不同类型的图像内容，如识别图像中的物体，定位图像中物体的位置、将图像分割成不同的区域、生成新的图像、修复损坏的图像等。深度学习对图像分类示例如图 5-29 所示。

图 5-29　深度学习对图像分类示例

（3）缺陷检测

产品缺陷检测是工业生产中的一个重要环节，目的是在产品出厂前发现并修复产品表面或内部的瑕疵，比如裂纹、划痕、孔洞、杂质等。这不仅可以提高产品质量，还能减少安全隐患和经济损失。在过去，缺陷检测主要依靠人工目视检查和基于规则的机器视觉方法。人工检查效率低，容易受主观因素影响；深度学习通过大量的标注图像数据进行训练，能够精准识别产品表面的微小瑕疵、尺寸偏差、颜色异常等各类缺陷。这不仅提高了检测的准确性，还大大提升了效率。

曲奇饼干缺陷检测示例如图 5-30 所示。

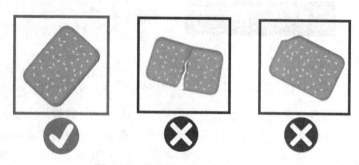

图 5-30　曲奇饼干缺陷检测示例

4. 深度学习在个性化服务中的应用

个性化服务是一种根据用户的需求和偏好提供定制化内容或推荐的服务。深度学习通过分析大量的用户数据，可以理解每个用户的行为模式和偏好，为每个用户提供定制化的服务。

例如，淘宝的 AI 算法会收集用户的浏览历史、购买记录、搜索关键词等数据，根据这些数据构建用户画像，包括用户的兴趣、偏好、购买习惯等，然后基于用户画像推荐给用户可能感兴趣的商品。如某用户经常浏览运动装备，淘宝会推荐更多的运动鞋、运动服等商品，刺激用户的消费欲望，从而提高用户的购买转化率。

抖音的 AI 算法会根据用户观看的视频类型以及点赞、评论等行为，分析用户的兴趣，然后根据用户的兴趣推送给用户可能感兴趣的内容。如某用户经常观看美食类视频，抖音会推荐给用户更多的美食制作、餐厅探店等内容，延长用户在应用上的停留时间，从而提高用户活跃度。

5. 深度学习的局限性

虽然深度学习具备人类所缺乏的并行处理海量数据的能力，但它不具备人类在面对决策时所独有的能力，例如汲取过去的经验、运用抽象概念和常识进行判断。与人类相比，深度学习想要充分发挥作用，离不开海量的相关数据、单一领域的应用场景以及明确的目标函数，这三项缺一不可，如果缺少其中任何一项，深度学习将无用武之地。如果数据太少，AI 算法就没有足够多的样本去洞察数据背后的模糊特征之间的有意义的关联；如果问题涉及多个领域，AI 算法就无法周全考虑不同领域之间的关联，也无法获得足够的数据来覆盖跨领域多因素排列组合的所有可能性；如果目标函数太过宽泛，AI 算法就缺乏明确的方向，以至于很难进一步优化模型的性能。

5.3　项目实施

5.3.1　案例鉴赏：应用于智能制造中的机器学习

1. 机器学习在数字孪生技术领域的应用

机器学习在数字孪生技术领域的应用

数字孪生（digital twin）目前是智能制造领域的技术热点之一，是指充分利用物理模型、传感器、运行的历史数据等，在数字世界实现物理实体的镜像，即建立一个与真实物理实体高度契合的数字化模型。如生产线上要实现数字孪生，首先要以真实生产线为基础，搭建一条虚拟生产线，通过对真实生产线上每一台设备进行三维建模，并将三维模型放置到虚拟生产线场景内，实现真实生产线与虚拟生产线一一对应，然后进行数据同步，如使用传感器采集真实生产线上的 PLC 数据，来驱动虚拟环境下的设备模型，实现真实设备与虚拟设备的实时联动。

机器学习引入数字孪生领域，通过对生产线历史数据的学习，了解、掌握生产线运转规律，然后根据掌握的运转规律对虚拟生产线与真实生产线的联动数据进行分析，并根据分析结果对生产线现状做出预判，从而帮助建立智能化的数字模型。监控人员坐在监控室内，就可以通过观察、监控虚拟生产线，了解真实生产线的实时工作状态。如在人员管理方面，在监控室可以直观地看到车间里的人是否在自己的工位上，在执行什么任务等，通过对历史数据的学习和对实时数据进行分析判断，了解其工作效率等；在设备管理方面，在监控室可以看到整个车间的设备运行状况，通过对实时数据的分析，可以准确预判设备的运行状态，并通过三维可视化手段直观地表现出来，非常方便管理人员排查隐患；在能源管理方面，在监控室可以看到整合出的整个车间的消耗，如焊条、刀具、润滑油等耗材消耗，管材、板材、型材等原材料消耗，水、电、气等能源消耗，污水、废气、粉尘等污染物排放，形成损耗和排放的综合数据分析报告，使管理者对成本一目了然。

随着基于机器学习的数字孪生技术的日趋成熟，在未来这项技术将有望与工业生产彻底融合，推动工业 4.0 全面进入智能化阶段。机器学习在数字孪生技术领域的应用示意图如图 5-31 所示。

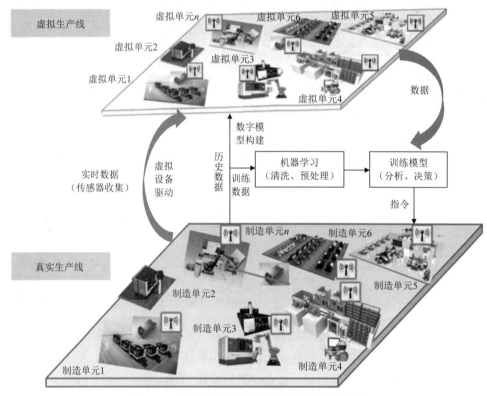

图 5-31　机器学习在数字孪生技术领域的应用

2. 机器学习在边缘计算领域的应用

边缘计算（edge computing）目前是智能制造领域的另一个技术热点，它是在高带宽、物联网集成背景下发展起来的技术。边缘计算是指在靠近实物或数据源的一侧，利用网络、计算、存储和应用核心能力于一体的开放平台提供就近端计算服务的技术。边缘计算处于物理实体和工业连接之间或处于物理实体的顶端。其应用程序在边缘侧发起，产生更快的网络服务响应，满足行业在实时业务、应用智能、安全与隐私保护等方面的基本需求。

在传统的物联网及工业物联网（industrial internet of things，IIoT）内，一般是先将数据发送至云端，然后等待云端的推理决策，这个过程很难满足对实时响应要求高的业务场景需求。例如，智能摄像头需要在边缘侧快速识别电子标签或者人脸等场景，如若把海量的视频数据实时上传到云端去做分析、推理，这势必会带来大量不必要的带宽占用，并无法满足其对于实时决策的需求。

机器学习算法（尤其是深度学习算法）经常会产生可提高预测准确性的模型。但是，准确性会损害较高的计算和内存利用率。深度学习算法（也称为模型）由计算层组成，其中在每个层中处理大量参数，然后迭代地进行到下一层。信息（例如，高分辨率图片）的维数越高，计算需求就越高。现实中经常使用云端中的 GPU 来满足这些计算需求。

边缘计算使计算和数据存储更接近需要的区域，从而提高了响应时间和备用带宽。尽管边缘计算解决了连接性、延迟、可伸缩性和安全性挑战，但边缘设备上的深度学习模型的计算需求，在较小的设备中还是很难满足。因此，目前网络计算服务已经呈现出云、边、端一体化协同的趋势，一方面在云端进行机器学习和深度学习模型的训练与优化；另一方面在边缘端的设备中利用经过优化的训练模型，确保人工智能物联网应用程序能快速获得推理结果，从而达到甚至在没有互联网的环境中产生数据时，也能实现高速响应业务变化并做出决策，并等待设备再次连入互联网时，可以同步数据到云端。

云—边—端协同计算架构示例如图 5-32 所示。

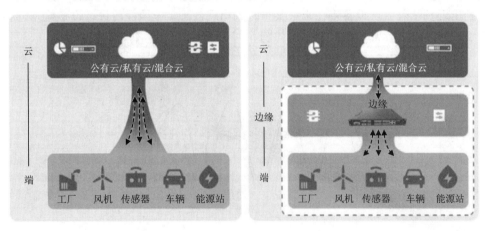

图 5-32　云—边—端协同计算架构示例

3. 机器学习在预测性维护领域的应用

预测性维护（predictive maintenance，PdM）包括应对性维护、预防性维护和预测性维护。

应对性维护是一种计划外停机的设备维护方式，对任何企业而言都极具破坏性；预防性维护是一种以增加维护成本来换取设备运行稳定性的设备维护方式；而预测性维护是一种保持现场设备以最大限度提高利用率，以及将昂贵的计划外停机、运行不正常风险、安全性风险和环境风险降至最低的设备维护方式。因此，预测性维护已经成为智能制造领域的研究热点之一。应对性维护、预防性维护和预测性维护的成本模型示例如图 5-33 所示。

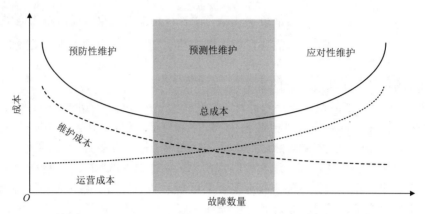

图 5-33 应对性维护、预防性维护和预测性维护的成本模型示例

预测性维护策略的目标是延长设备的有效使用寿命并预防故障。异常诊断是预测性维护领域中的一种常见处理方式，通常比基于简单规则的故障检查方式更加准确，对预防代价昂贵的故障和服务中断很有帮助。

利用基于机器学习的多维度异常诊断模型可以检测出传感器数据曲线虽然一直处于阈值的"上下限"之间，但其生成轨迹与模型数据曲线存在明显的"异常点"，这种情况的出现预示着生产设备将在未来某一时刻出现故障，应该提前进行设备检修。基于机器学习的多维度异常诊断模型示例如图 5-34 所示。

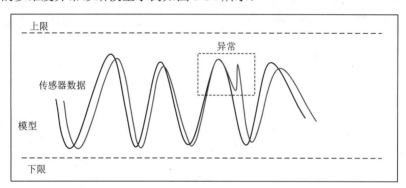

图 5-34 基于机器学习的多维度异常诊断模型示例

4. 机器学习在生产排产智能化领域的应用

高级计划与排程（advanced planning and scheduling，APS）系统的构建是智能制造领域的研究热点之一。因为 APS 可以实现 ERP 和 MES 之间的协调管理，是避免出现信息孤岛的核心系统。其中，ERP 是进行企业经营的顶层决策系统，主要用于解决企业协同管理和运营数据问题，面向企业的财务、销售、采购、研发、生产等部门，通过优化流程管理、规范管理和数据管理来提升企业管理效率；MES 是进行车间管理的底层决策系统，主要用于解决制造企业车间现场数据采集、监控、自动报工等问题，通过传感器和控制器记录整个生产过程，使生产管理具有追溯性；而 APS 系统则是独立于 ERP 和 MES 之外的系统，是一个独立的生产计划模块，主要解决 ERP 需求和 MES 执行之

间的协调问题，通过 APS 系统让 ERP 需求成为 MES 可执行性生产计划。目前，机器学习和深度学习在以上 3 类系统中均有广泛应用。

以 APS 系统为例，APS 的实质是在生产资源受到约束的前提下，针对物料、机器设备、人员、客户需求和订单变化等数据进行实时监控，然后利用数学计算、机器学习算法等进行数据建模并反复训练和推理，最终形成一个有效的、精确的和可执行的生产计划，以便企业能够精确整合生产资源和合理分配生产时间，用于降低生产成本，提高生产效率。

5. 机器学习在机器翻译领域的应用

在日常工作与生活中经常使用的百度翻译、网易有道词典等"文本翻译"软件都涉及了多种机器学习和深度学习算法的应用。各种类型的机器翻译服务虽然暂时还无法直接用于书面翻译，但人们理解其他语言的壁垒已经大大降低，在很多场景下机器翻译确实起到了很好的辅助作用。

微信等实时聊天软件也具备了"文本翻译"功能，为用户实现跨语言实时交流提供了极大便利，如图 5-35 所示。

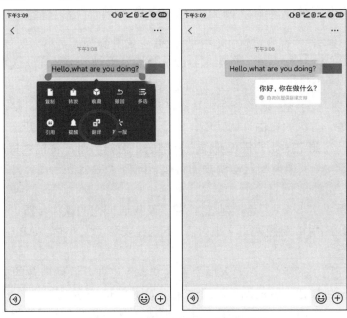

图 5-35 文本翻译的实时应用示例

目前，随着机器视觉、自然语言处理和机器学习（深度学习）技术的深度融通，拍图翻译和语音翻译软件也大量涌现。拍图翻译应用示例如图 5-36 所示，用户可以利用拍图翻译软件帮助自己在工作中快速查阅外文资料，在旅行中帮助自己快速辨别路牌、地址等标识信息。

用户也可以利用语音翻译软件帮助自己在工作或生活中实现与外籍人员之间的跨语种交流，如图 5-37 所示。

图 5-36　拍图翻译应用示例　　　　图 5-37　语音翻译应用示例

5.3.2　训练实操：文小言和多语种文本拍照翻译应用

1. 基于文小言的专业就业前景及核心课程查询

2024 年 9 月 4 日，百度官宣文心一言 APP 正式升级为"文小言"，定位为百度旗下"新搜索"智能助手。"文小言"推出了富媒体搜索、多模态输入、文本与图片创作、高拟真数字人等"新搜索"能力，能全面满足用户搜、创、聊的需求。

"文小言"独家上线了记忆个性化功能，用户可以根据喜好、职业、性格等实现个性化问答和服务；首创的自由订阅功能，能让用户自定义订阅各类新闻、游戏、天气等感兴趣的信息，按照定制化的需求获得内容推送。例如，用户希望"每周一中午 12 点整理最新的关于 AI 大模型和自动驾驶的科技新闻"，"文小言"就会自动按时进行信息的收集与整理，并准时回复。

以下是使用"文小言"了解专业就业前景及核心课程的操作步骤。

步骤一：在应用市场搜索"文小言"，下载并安装"文小言"APP，使用手机号注册并登录。

步骤二：使用"助手"。在输入框中输入文本"工业互联网专业的前景"或者使用语音，按右侧蓝色按钮，智能助手返回结果，如图 5-38 所示。

步骤三：如果给出的答案不满意，可以滑动屏幕，找到"你可能想问"的问题，选择想要问的问题，如图 5-39 所示；例如，选择"工业互联网专业需要学习哪些核心技能"，返回相应的答案。

步骤四：在输入框中输入文本"用表格展示工业互联网专业的核心课程"，如图 5-40所示。

步骤五：点击"复制"按钮，可以复制内容。点击"下载"按钮，可以以文件形式下载，选择文件类型为"保存图片"或"保存 Excel 文件"，如图 5-41 所示，若选择保存Excel 文件，可以输入文件名如"工业互联网专业核心课程"进行保存，如图 5-42 所示。

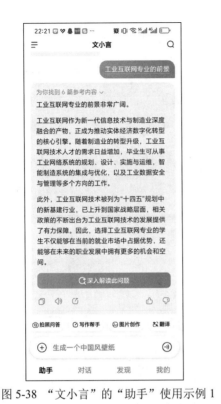

图 5-38　"文小言"的"助手"使用示例 1　　图 5-39　"文小言"的"助手"使用示例 2

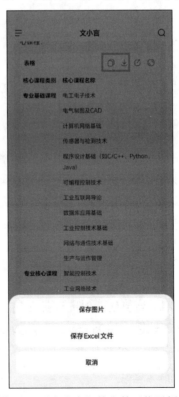

图 5-40　"文小言"的"助手"使用示例 3　　图 5-41　"文小言"的文件下载示例 1

步骤六：在手机文件管理中选择"最近"，就可以找到刚下载的文件，如图 5-43 所示。

图 5-42 "文小言"下载文件保存　　　　图 5-43 "文小言"文件下载查看

2. 使用基于机器学习的翻译软件实现多语种文本拍照翻译

商务人员或企业技术人员有查看多语种外文资料的需求，这时候就可以使用基于机器学习的翻译软件进行多语种翻译。下面以网易有道词典 APP 为例进行具体操作。

步骤一：在应用商店中搜索网易有道词典 APP，下载并安装。

步骤二：打开网易有道词典 APP，点击底部"翻译"栏，再点击左上角"拍照翻译"按钮，如图 5-44 所示。

步骤三：设置要翻译文本的语言和目标语言。这里设置的是"中文-英文"，如图 5-45 所示。

步骤四：将摄像头对准要翻译的文字，点击"拍照翻译"按钮，得到翻译结果，点击"保存"按钮对结果进行保存，如图 5-46 所示。

可以看到，网易有道词典的拍照翻译功能成功将页面上的中文文本翻译为英文文本。

图 5-44　点击"拍照翻译"按钮

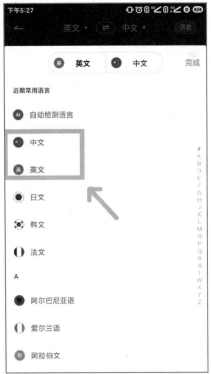

图 5-45　切换语言

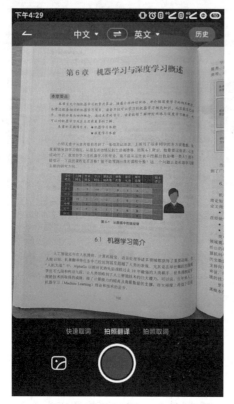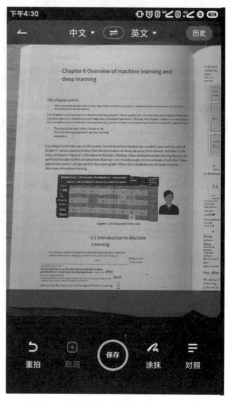

图 5-46　拍照翻译

机器学习助力"天问一号"精准着陆

　　火星上有河流、三角洲、悬崖、沙丘、巨石和陨石坑等复杂环境，怎样在火星上着陆并开展探测？火星探测器能精准着陆火星，得益于背后强大的机器学习算法。

　　根据以往火星探测的数据，可以构建一个火星模拟场，模拟火星的土壤、地形、光谱特性等，提前对火星探测器进行数据采集和训练，以帮助训练机器学习算法。火星探测器着陆时的每个动作都由机器学习算法精确计算并记录数据，重复演练着陆期间的每个环节，即着陆过程都被机器学习算法预先精确计算"彩排"，可以帮助提高火星探测器的性能。"天问一号"着陆巡视探测实拍影像如图 5-47 所示。

　　"天问一号"从火星每天向地球发送数十到数百张图像，供科学家们梳理特定的地质特征。科学家们需要根据"天问一号"发回的图像信息进行快速科学决策，在几小时内将决策发送给火星车。任何一位科学家都不可能每天在如此短的时间内仔细查看所有图像，而人工智能研究人员则可以使"天问一号"提前通过图像识别算法来提取图像特征，筛选科学家感兴趣的特定特征图像，将筛选之后的图像发回地球，以此减少科学家们的工作量，从而实现快速高效决策。

图 5-47　"天问一号"着陆巡视探测实拍影像

讨论与思考

1. 判断题

（1）聚类和分类的区别在于用于聚类的训练样本的类标记是未知的。　　　（　　）
（2）机器学习算法在图像识别领域的性能表现可能会超过人类。　　　　　（　　）
（3）学习率越大，训练速度越快，最优解越精确。　　　　　　　　　　　（　　）
（4）线性回归是一种有监督机器学习算法，它使用真实的标签进行训练。　（　　）
（5）无监督学习算法的难度低于监督学习算法。　　　　　　　　　　　　（　　）
（6）已知一定数量的数据，就可以通过监督模式识别来实现类别的划分。

（　　）
（7）无监督学习不需要训练集就可以进行。　　　　　　　　　　　　　　（　　）
（8）监督学习的学习数据既有特征（feature），也有标签（label）。　　　　（　　）

2. 选择题

（1）机器学习的流程包括数据采集、数据处理、（　　　）、评估及参数调整、部署。
　　　A. 模型构造、训练、预测　　　　B. 模型搭建
　　　C. 数据清洗　　　　　　　　　　D. 分析案例
（2）机器学习的实质是（　　　）。
　　　A. 根据现有数据，寻找输入数据和输出数据的映射关系/函数
　　　B. 建立数据模型
　　　C. 挑出输入数据和输出数据的最佳映射关系/函数
（3）DL 是下面（　　　）术语的简称。

      A. 人工智能 　　　　B. 神经网络 　　　　C. 深度学习

（4）对于机器学习，（　　）表述是正确的。

      A. 机器学习和人工智能是独立的两种技术

      B. 机器学习是人工智能的核心技术和重要分支

      C. 机器学习的目标是让机器设备能像人类一样学习书本知识

      D. 机器学习是指一系列程序逻辑控制算法

（5）ML 是下面（　　）术语的简称。

      A. 人工智能 　　　　　　B. 机器学习 　　　　C. 深度学习

（6）下列关于感知机模型的描述中，（　　）是正解。

      A. 感知机模型是有一个输入和一个输出的线性关系模型

      B. 感知机模型是有多个输入和一个输出的线性关系模型

      C. 感知机模型是有一个输入和多个输出的线性关系模型

      D. 感知机模型是有多个输入和多个输出的线性关系模型

项目 6

探查计算机视觉

学习指导

学习目标 ☞

- 了解计算机视觉技术的发展历程;
- 了解中国计算机视觉行业现状与发展前景;
- 了解计算机视觉技术的典型应用;
- 了解图像采集相关知识;
- 了解图像存储与预处理概念;
- 了解图像特征与特征提取、图像识别相关概念;
- 掌握使用"豆包"生成图片的方法;
- 通过介绍计算机视觉在"祝融号"中的应用,培养学生对计算机视觉的兴趣;
- 通过介绍计算机视觉在"祝融号"中的应用,培养学生主动搜集信息的能力。

6.1　项目描述

计算机视觉是一门"教"会计算机如何去"看"世界的学科。形象地说，就是给计算机安装上眼睛（相机）和大脑（算法），让计算机能够感知环境。具体来说，计算机视觉是使用计算机及相关设备对生物视觉的一种模拟，用各种成像设备代替视觉器官作为输入手段，用计算机来代替大脑完成处理和解释，最终研究目标就是使计算机能像人那样通过视觉观察和理解世界，并且具有自主适应环境的能力。

由于计算机视觉系统可以快速获取大量信息，而且易于自动处理，也易于与设计信息以及加工控制信息集成，因此，在现代自动化生产过程中，人们将计算机视觉系统广泛地用于工况监视、成品检验和质量控制等领域。计算机视觉系统的特点是可以提高生产的柔性和自动化程度。在一些不适合人工作业的危险工作环境或人工视觉难以满足要求的场合，常使用计算机视觉系统来替代人工视觉；同时，在大批量工业生产过程中，用人工视觉检查产品质量效率低且精度不高，用计算机视觉检测方法可以大大提高生产效率和生产的自动化程度，而且计算机视觉易于实现信息集成，是实现计算机集成制造的基础技术。

本项目从计算机视觉的发展、应用以及图像处理的基础知识出发，介绍计算机视觉相关案例，使读者对计算机视觉有全面了解。

6.2　知识准备

6.2.1　计算机视觉简介

计算机视觉是一门研究如何使机器"看"的学科，更进一步地说，就是研究如何用摄影机和计算机代替人眼对目标进行识别、跟踪和测量等。计算机视觉研究相关的理论和技术，试图建立能够从图像或者多维数据中获取"信息"的人工智能系统。计算机视觉随着人工智能发展变得更加智能，从早期的对图像简单处理，到现在应用人工智能使得机器

什么是计算机视觉

能理解图像与视频的内容。计算机视觉的行业应用也逐渐落地，国内外相关应用层出不穷。我国作为制造业大国，计算机视觉在工业领域的应用发展非常迅速。典型的计算机视觉系统如图 6-1 所示。

图 6-1　典型的计算机视觉系统

1. 计算机视觉的发展历程

计算机视觉起源于 20 世纪 50 年

代，那个时候计算机视觉刚刚被划入模式识别领域，主要研究集中在二维图像的分析和识别上，如光学字符识别，工件表面、显微图片和航空图片的分析和解释等。

计算机视觉的发展历程

劳伦斯·罗伯茨（Lawrence Roberts）所著的《三维固体的机器感知》于1963年出版，该书被广泛认为是现代计算机视觉的先驱之一。其基本观点是将视觉世界简化为简单的几何形状。在该书中，劳伦斯·罗伯茨描述了从2D照片中获取有关固体物体的3D信息的过程，将2D照片处理成线条图，然后根据这些线条构建3D表示，最后显示物体的3D结构，并删除所有隐藏线。罗伯茨三维固体感知模型如图6-2所示。

   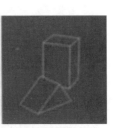

劳伦斯·罗伯茨　　　　输入图片　　　2×2梯度运算　　从新视点渲染的计算3D模型

图6-2 罗伯茨三维固体感知模型

1966年，麻省理工学院人工智能实验室教授西蒙·派珀特（Seymour Papert）决定启动夏季视觉项目，并在几个月内解决计算机视觉问题。他认为麻省理工学院的一小群学生有能力在一个夏天开发视觉系统的重要部分，在佩帕特和杰拉尔德·杰伊·萨斯曼（Gerald Jay Sussman）的协调下，学生们会设计一个可以自动执行背景/前景分割并从现实世界的图像中提取非重叠对象的平台，这便是著名的"夏季视觉项目"。由于严重低估了项目实施的困难，因此该项目没有成功，这是计算机视觉作为一个科学领域正式诞生的标志。

到了70年代，已经出现了一些视觉应用系统。80年代和90年代，随着计算机硬件水平的进一步提高，计算机视觉的诸多处理算法开始得到发展与应用；到21世纪，计算机视觉与机器学习、深度神经网络相融合，其应用更加广泛、更加智能。

（1）20世纪70年代

20世纪70年代早期，计算机视觉被视为模拟人类智能并赋予机器人智能行为感知的组成部分。当时，人工智能和机器人的一些早期研究者（如麻省理工学院、斯坦福大学、卡内基梅隆大学的研究者）认为，在解决高层次推理和规划等更困难问题的过程中，解决"视觉输入"应该是一个简单的问题。随着研究者对"视觉输入"问题的研究，发现要让机器能像人一样看懂并非简单问题，麻省理工学院人工智能实验室此时便开设了课程《计算机视觉》，讲授当时较为前沿的计算机视觉知识。

计算机视觉期望从图像中恢复出实物的三维结构并以此得出完整的场景理解。场景理解的早期尝试包括物体的边缘抽取及随后的从二维线条的拓扑结构推断其三维结构，使得当时边缘检测成为一个活跃的研究领域。

那时也出现了一些更定量化的计算机视觉方法，包括基于特征的立体视觉对应算法和基于亮度的光流算法，同时，关于恢复三维结构和相机运动的研究工作也开始出现。

该时期的重大进展是大卫·考特尼·马尔（David Courtnay Marr）将心理学、人工智能和神经生理学的研究结果结合起来，提出了全新的关于视觉处理的理论，为后续的计算视觉的发展奠定了基础，他是计算视觉之父，同时也是计算神经科学的创始人。其工作被整理于《视觉》一书，如图 6-3 所示。书中提出了一个视觉计算框架，该框架包含初级视觉、中级视觉和高级视觉三个层次。

图 6-3 《视觉》

1）初级视觉：提取图像中最基本的要素（特征）。

2）中级视觉：将提取到的要素组合成不同的部分（分割）。

3）高级视觉：从分割结果中获得物体的三维表示（立体）。

（2）20 世纪 80～90 年代

20 世纪 80 年代，计算机视觉领域进入了前所未有的繁荣阶段，新概念、新方法、新理论不断涌现。1980 年，日本科学家福岛邦彦建立了第一个神经网络。1982 年，大卫·考特尼·马尔的 *Vision* 问世，标志着计算机视觉正式成为了一门独立学科。

20 世纪 90 年代，特征对象识别开始成为重点。1997 年，伯克利教授吉滕德拉·马利克（Jitendra Malik）提出了试图让机器使用图论算法将图像分割成合理的部分（自动确定图像上的哪些像素属于一起，并将物体与周围环境区分开来）的观点。1999 年，大卫·罗伊（David Lowe）发表《基于局部尺度不变特征（SIFT 特征）的物体识别》，标志着研究人员开始停止通过创建三维模型重建对象，而转向基于特征的对象识别。

1999 年，英伟达公司在推销 Geforce 256 芯片时提出了 GPU 概念，如图 6-4 所示。GPU 是专门为了执行复杂的数学和集合计算而设计的数据处理芯片。伴随着 GPU 的发展应用，游戏、图形设计、视频等行业发展也随之加速，出现了越来越多高画质游戏、高清图像和视频。

图 6-4 GPU 示意图

（3）21 世纪

2006 年左右，杰弗里·辛顿教授和他的学生首次提出了"深度信念网络（deep belief network，DBN）"的概念，他给多层神经网络相关的学习方法赋予了一个新名词——"深度学习"（deep learning）。随后深度学习的研究大放异彩，广泛应用在图像处理和语音识别领域。

2009 年，李飞飞教授等在 2009 年计算机视觉与模式识别会议（CVPR）上发表了一篇名为 *ImageNet: A Large-Scale Hierarchical Image Database* 的论文，发布了 ImageNet 数据集，该数据集是一个用于视觉对象识别软件研究的大型可视化数据库，超过 1400 万的图像 URL 被 ImageNet 手动注释，以指示图片中的对象；在至少一百万个图像中，还提供了边界框。ImageNet 包含 2 万多个类别，一个典型的类别，如"气球"或"草莓"，包含数百个图像。自 2010 年以来，ImageNet 项目每年举办一次图像识别挑战赛。他们为参赛者提供一个由精心标记的照片组成的庞大数据库，有来自世界各地的研究人员参加比赛，他们尝试创建一个能够识别最多图像的系统。

2010 年之后，卷积神经网络（convolutional neural network，CNN）大放异彩。卷积神经网络是一类包含卷积计算且具有深度结构的前馈神经网络（feedforward neural network，FNN），是深度学习的代表算法之一。卷积神经网络具有表征学习能力，能够按其阶层结构对输入信息进行特征提取后分类，因此，卷积神经网络使得计算机视觉朝着更加智能化的方向演进。

2012 年，采用深度学习的卷积神经网络算法在比赛中取得了重大突破，使得图像识别错误率由 2011 年的 25%下降到 16%。从那时起，图像识别领域焕然一新。从此，人工智能进入了大数据和深度学习时代。ImageNet 是计算机视觉发展的重要推动者和深度学习热潮的关键推动者。

2014 年，蒙特利尔大学提出生成对抗网络（generative adversarial network，GAN），如图 6-5 所示，拥有两个相互竞争的神经网络可以使机器学习得更快。一个网络尝试模仿真实数据生成假的数据，而另一个网络则试图将假数据区分出来。随着时间的推移，两个网络都会得到训练，生成对抗网络被认为是计算机视觉领域的重大突破。

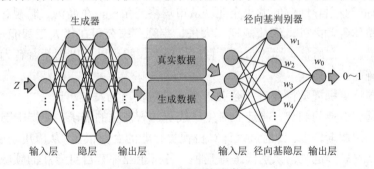

图 6-5　对抗网络示意图

自从 20 世纪中期开始，计算机视觉不断发展，研究经历了从二维图像的分析、识别到三维图像的理解，从浅层次的图像特征提取、匹配到基于深度学习技术的多层神经网络模型构建，可以实现自动学习和提取高层次的语义特征，实现更加高效、准确的图像识别和分类。伴随着计算机视觉从理论到应用的速度加快，各种高质量的视觉数据不断沉淀，其应用场景的不断拓展，如智慧城市、智慧金融、智慧商业、智慧安防、智能制造、智能出行等，都有望成为计算机视觉技术领域的热点方向，相信计算机视觉技术将会在未来发挥更加重要的作用，并且会有更多的新技术和应用工具被开发出来。

2. 中国计算机视觉行业发展现状与未来展望

（1）中国计算机视觉行业起步晚，目前处于快速成长期

我国计算机视觉行业源于 20 世纪 90 年代的第一批技术引进。自 1998 年众多电子和半导体工厂落户广东和上海开始，计算机视觉生产线和高级设备被引入我国，诞生了国际计算机视觉厂商的代理商和系统集成商。我国计算机视觉行业发展主要经历了以下 3 个阶段：

第一个阶段是 1999~2003 年的启蒙阶段。这一阶段我国企业主要通过代理业务对客户进行服务，在服务的过程中引导客户对计算机视觉的理解和认知，借此开启了我国计算机视觉的历史进程。

第二个阶段是 2004~2007 年的发展阶段。这一阶段我国企业开始起步探索由更多自主核心技术承载的计算机视觉软硬件器件的研发，在多个应用领域取得了关键性的突破。

第三个阶段是 2008 年以后的高速发展阶段。这一阶段众多计算机视觉核心器件研发厂商不断涌现，一大批真正的系统级工程师被不断培养出来，推动了我国计算机视觉行业的高速、高质量发展。

（2）市场规模逐年扩张，年均复合增长率较大

近十年来，计算机视觉技术在工业领域的应用日趋广泛。随着计算机视觉技术与产品在实践中不断完善，计算机视觉技术已经广泛应用在消费电子、汽车制造、光伏半导体、安防等多个行业领域。

人脸识别用于身份核验的应用空间已经呈现出较高的渗透率，计算机视觉在传统行业，如工业质检、巡检的应用也正在兴起。

我国计算机视觉相关企业数量在逐年增长，计算机视觉市场竞争日益激烈，但我国尚未出现具有行业主导地位的龙头企业。从市场格局角度，在商汤、旷视、云从、依图四家公司的整体份额之外，海康威视、大华、宇视三家公司在"人工智能+安防"市场的份额显著增长；在质检、巡检市场，百度、华为、腾讯以及以创新奇智为代表的创业公司等也在崛起。

（3）中国计算机视觉行业进入企业较多，投融资市场发展迅速

随着中国制造业的崛起，制造业对生产线更加智能化的需求，使得中国计算机视觉产业投融资案例逐渐增多。目前进入计算机视觉行业的企业很多，从应用功能领域划分，主要是检测、测量、定位、识别读码等几种，各家企业都有自身专注的领域，或一个或多个，在很大程度上，工艺算法是主要壁垒，行业案例是敲门砖。

综合来看，鉴于短期内技术密集型的机器人产业仍处于成长阶段，新晋企业和团队仍将持续涌入计算机视觉行业。作为人工智能技术与工业制造的直接结合点，计算机视觉有望持续快速发展。

6.2.2 计算机视觉典型应用

1. 计算机视觉在工业场景中的应用

计算机视觉典型应用

计算机视觉系统大大提高了工业生产的效率和产品精度，为工业生产的信息集成提

供了有效途径。计算机视觉技术不断成熟和进步，应用范围变得越来越宽泛。计算机视觉在工业场景中的典型应用如图6-6所示。

图6-6　计算机视觉在工业场景中的典型应用

（1）典型应用之一"物料分拣"

在计算机视觉应用环节中，物料分拣是建立在识别、检测之后的一个环节，通过计算机视觉系统对图像进行处理，结合机械臂的使用实现物料分拣。例如，在过去的生产线上，是用人工的方法将不同物料进行分拣后，再进行下一步工序，现在则是使用自动化设备进行分拣，其中使用计算机视觉系统进行物料图像抓取、图像分析、输出结果，再通过机器人把对应的物料放到固定的位置上，从而实现工业生产的智能化、现代化、自动化。自动化生产线的物料分拣如图6-7所示。

图6-7　自动化生产线的物料分拣

（2）典型应用之二"图像检测"

在工业生产中，每种产品都需要检验是否合格，"图像检测"是比较普遍的计算机视觉应用。在过去，人工肉眼检测往往会遇到很多问题，比如准确性太低，容易有误差，不能连续工作且易疲劳，而且费时费力。

计算机视觉系统的大量应用将产品生产和检测推进到高度自动化水平。比较常见的"图像检测"应用，如硬币字符检测、电路板检测以及人民币造币工艺的检测等，这类检测对精度要求特别高，检测的设备也很多，工序复杂。此外，还有饮料瓶盖的质量检测、产品的条码字符检测、玻璃瓶的缺陷检测以及药用玻璃瓶检测等。

（3）典型应用之三"物体测量"

计算机视觉工业应用最大的特点就是非接触、无磨损，因此可以避免接触测量可能造成的二次损伤隐患。计算机视觉对物体进行测量（见图 6-8），不需要像传统人工操作一样要与产品进行接触，而且具有高精度、高速度，对产品无磨损，不会造成产品的二次伤害，这对精密仪器的制造水平有特别明显的提升。对螺纹、麻花钻、集成电路的元器件管脚、汽车零部件、接插件等的测量都是非常普遍的应用。

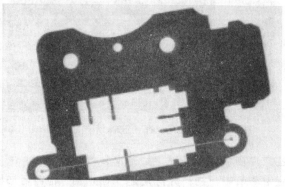

图 6-8　物体测量示例

（4）典型应用之四"视觉定位"

"视觉定位"是计算机视觉在工业场景中的基本应用。视觉定位能够准确地检测到产品并且确认它的位置，如图 6-9 所示。在半导体制造领域，芯片位置信息调整拾取头非常不好处理，计算机视觉则能够很好地解决这个问题。

图 6-9　视觉定位

2. 计算机视觉在身份验证场景中的应用

计算机视觉在日常生活中被广泛地使用，已经变成了最热门的科技服务之一。

人脸识别是计算机视觉在身份验证场景中最热门的应用。《麻省理工科技评论》发布的 2017 年全球十大突破性技术榜单中，来自中国的刷脸支付技术位列其中，这是该榜单创建 16 年来首个来自中国的技术突破。到今天为止，人脸识别技术已经广泛应用于金融、司法、公安、边检、政府、航天、电力、工厂、教育、医疗等行业。平时大家都会通过手机使用人脸识别功能。人脸识别应用于身份验证如图 6-10 所示。

图 6-10　人脸识别应用于身份验证

3．计算机视觉在安防场景中的应用

计算机视觉技术可以对结构化的人、车、物等视频内容进行快速检索、查询，在大量人群流动的交通枢纽，这一技术被广泛用于人群分析、防控预警等方面，使得公安系统可以通过繁杂的监控视频搜寻罪犯。计算机视觉应用于安防管理如图 6-11 所示。

图 6-11　计算机视觉应用于安防管理

4．计算机视觉在医疗场景中的应用

医学图像分析是计算机视觉发挥作用的常见领域，通过对 MRI、CT 扫描和 X 射线的图像进行分析并发现异常，如发现肿瘤或寻找神经系统疾病的迹象，能够显著改善医学诊断的过程。计算机视觉在 CT 扫描中的应用示例如图 6-12 所示。

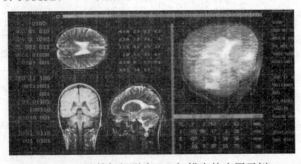

图 6-12　计算机视觉在 CT 扫描中的应用示例

5. 计算机视觉在无人驾驶场景中的应用

想要完全实现无人驾驶，还有很长的一段路要走，但利用计算机视觉技术，汽车驾驶辅助的功能及应用会越来越多。随着技术的发展，计算机视觉可以解决更加复杂的问题，比如完成道路的识别，从而辅助人类更好、更安全地驾驶。未来，无人驾驶会像人类驾驶一样安全和快捷。计算机视觉在无人驾驶场景的应用示例如图 6-13 所示。

图 6-13　计算机视觉在无人驾驶场景的应用示例

6.2.3　计算机视觉相关技术

计算机视觉是指用摄像机和计算机及其他相关设备对生物视觉的一种模拟。它的主要任务是使计算机理解图片或者视频中的内容。计算机视觉从硬件到软件涉及的技术非常多。接下来对相机成像原理、图像存储以及计算机视觉相关的算法进行简单介绍。

计算机视觉技术

1. 相机成像原理

小孔成像，我国学者墨翟（墨子）和他的学生做了世界上第一个小孔成倒像的实验，解释了小孔成倒像的原因，指出了光沿直线传播的性质，早于牛顿 2000 多年就已经总结出相似的理论。这是对光沿直线传播的第一次科学解释。

用一个带有小孔的板遮挡在墙体与物之间，墙体上就会形成物的倒立的实像，这种现象叫小孔成像，如图 6-14 所示。前后移动中间的板，墙体上像的大小也会随之发生变化，这种现象说明了光沿直线传播的性质。

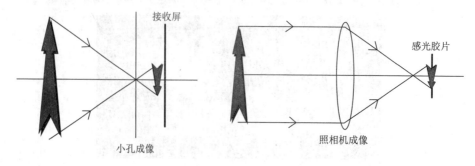

图 6-14　小孔成像示例

一些照相机和摄影机就是利用了小孔成像的原理——镜头是小孔（大多数安装凸透镜以保证光线成像距离），景物通过小孔进入暗室，像被一些特殊的化学物质（如卤化银等）留在胶片上（数码相机、摄影机等则是把像通过一些感光元器件存储在存储卡内）。

照相机中对成像最有用、最基本的还是处理器和传感器。单反相机全名叫单镜头反光式照相机，有胶片相机和数码相机之分，但现在几乎全是数码相机了。数码相机最核心的部件是处理器，其中包含中央处理器和图像处理器（现在很多是集成到同一芯片中，中央处理器负责整台相机的所有动作，比如开机、控制相机等）。图像处理器负责将传感器记录下来的光学图像信息（模拟信号）转换为数字信号，也就是照片和视频，然后再保存到存储器中。

2. 图像存储原理

前面讲到了相机如何拍取照片，那么拍下的照片如何在计算机中存储呢？图像实际在计算机中存储有两种主流格式：灰度和 RGB 格式。数字 8 的黑白图像如图 6-15 所示，也被称为一个灰度图像。

图 6-15　数字 8 的图像

如果放大并且仔细观察，会发现图像变得失真，并且会在该图像上看到一些小方框，如图 6-16 所示。这些小方框叫作 Pixels。大家经常使用的图像维度是 X×Y，这意味着图像的尺寸就是图像的宽度（X）和高度（Y）上的像素数，宽度为 16 像素、高度为 24 像素的图像，尺寸为 16×24。在计算机内部是以数字的形式存储图像的。

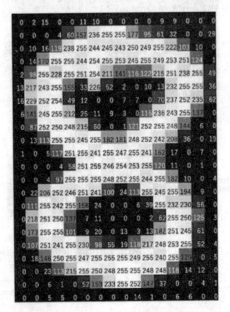

图 6-16　数字 8 的存储示例

这些像素中的每一个都表示为数值，而这些数字称为像素值，这些像素值表示像素的强度。对于灰度或黑白图像，像素值范围是 0～255，接近 0 的较小数字表示较深的阴影，而接近 255 的较大数字表示较浅或白色的阴影。

也就是说，图像以数字矩阵的形式存储在计算机中，其中这些数字称为像素值。这些像素值代表每个像素的强度。0 代表黑色，255 代表白色。数字矩阵称为通道，对于灰度图像，只有一个通道，黑白图像就是 0～255 的一个数字矩阵。那么彩色图像又如何存储在计算机上呢？

如图 6-17 所示是一条狗的彩色图像。该图像由许多颜色组成，几乎所有颜色都可以从 3 种原色（红色、绿色和蓝色）生成。也就是说，计算机中只需要这 3 种颜色便可以混合成各种不同的颜色。想想在绘画的时候，当没有需要的颜色时，会怎么做呢？通常会用这 3 种颜色的颜料以一定的比例混合便能产生需要的颜色，每个彩色图像都是由这 3 种颜色或 3 个通道（红色、绿色和蓝色）组成的，这意味着在彩色图像中，矩阵的数量或通道的数量将会更多。在如图 6-17 所示的彩色图像中，有 3 个矩阵：1 个红色矩阵，称为红色通道；1 个绿色矩阵，称为绿色通道；1 个蓝色矩阵，称为蓝色通道。这些像素都具有 0～255 的值，其中每个数字代表像素的强度，或者可以说红色、绿色和蓝色的阴影。最后，所有这些通道或所有这些矩阵都将叠加在一起，这样当图像的形状加载到计算机中时，它会是各种不同的颜色了。以狗的彩色图片为例，3 个通道的数据叠加起来，在计算机中用 3 个数字矩阵存储，在显示器中叠加显示便成了一幅彩色图片，如图 6-18 所示。

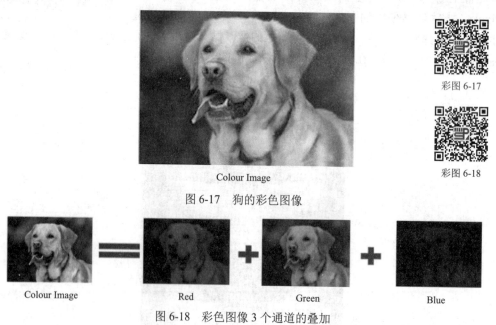

彩图 6-17

彩图 6-18

Colour Image

图 6-17　狗的彩色图像

Colour Image　　Red　　Green　　Blue

图 6-18　彩色图像 3 个通道的叠加

3. 图像的预处理

在计算机视觉进行分析的过程中，图像质量的好坏直接影响识别算法的设计与效果的精度，因此在图像分析（特征提取、分割、匹配和识别等）前，需要对图像进行预处理。图像预处理的主要目的是消除图像中无关的信息，恢复有用的真实信息，增强有关信息的可检测性，最大限度地简化数据，从而改进特征提取、图像分割、匹配和识别的可靠性。一般的预处理流程有灰度化、几何变换、图像增强等。

对彩色图像进行处理时，需要对 3 个通道依次进行处理，时间开销将会很大。为了达到提高整个应用系统的处理速度的目的，需要减少所需处理的数据量，因此会对图像进行灰度化，在 RGB 模型中，如果 R=G=B 时，则彩色表示一种灰度颜色，其中 R=G=B 的值叫灰度值，因此，灰度图像每个像素只需一个字节存放灰度值（又称强度值、亮度值），灰度范围为 0～255。一般有分量法、最大值法、平均值法、加权平均法等方法对彩色图像进行灰度化。例如，最大值法就是将彩色图像中的三分量中亮度的最大值作为灰度图的灰度值，而平均值法是将彩色图像中的三分量亮度求平均得到一个灰度值。

如果需要进一步对灰度图像进行简化，还可以将灰度图像转化为二值化图像，此过程简称二值化。二值化就是将图像上的像素点的灰度值设置为 0 或 255，也就是将整个图像呈现出明显的黑白效果的过程。

在计算机视觉中，一般用矩阵来表示图像。也就是说，无论图片看上去多么好看，对计算机来说都不过是个矩阵而已。在这个矩阵中，每一个像素就是矩阵中的一个元素。在三通道的彩色图像中，这个元素是由 3 个数字组成的元组。对于单通道的灰度图像来说，这个元素就是一个数字，这个数字代表了图像在这个点的亮度，数字越大，像素点也就越亮，在常见的 8 位单通道色彩空间中，0 代表全黑，255 代表全白。

将灰度图像转化为二值化图像的方法有很多，阈值法是比较简单的一种方法。阈值法是指选取一个数字，大于它就视为全白，小于它就视为全黑。根据阈值选取方式的不同，可以分为全局阈值和局部阈值。比如图 6-19 中的彩色图像，选取一个阈值，当超过这个阈值就为全白，低于这个阈值就为全黑，故而二值化图像能将图片中的轮廓更加鲜明地表达出来。

图 6-19　彩色图像的二值化

图像几何变换又称为图像空间变换，通过平移、转置、镜像、旋转、缩放等几何变换对采集的图像进行处理，用于改正图像采集系统的系统误差和仪器位置（成像角度、透视关系乃至镜头自身原因）的随机误差。此外，还需要使用灰度插值算法，因为按照这种变换关系进行计算，输出图像的像素可能被映射到输入图像的非整数坐标上。通常采用的方法有最近邻插值、双线性插值和双三次插值。

图像增强是增强图像中的有用信息，它可以是一个失真的过程，其目的是要改善图像的视觉效果，针对给定图像的应用场合，有目的地强调图像的整体或局部特性，将原来不清晰的图像变得清晰或强调某些感兴趣的特征，扩大图像中不同物体特征之间的差别，抑制不感兴趣的特征，使之改善图像质量、丰富信息量，加强图像判读和识别效果，满足某些特殊分析的需要。图像增强算法可以分成两大类：空间域法和频率域法。

4．图像特征提取

图像特征是指可以对图像的特点或内容进行表征的一系列属性的集合，主要包括图像自然特征（如亮度、色彩、纹理等）和图像人为特征（如图像频谱、矩特征、图像直方图等）。

图像特征主要有图像的颜色特征、纹理特征、形状特征和空间关系特征。图像特征提取根据其相对尺度可分为全局特征提取和局部特征提取两类。全局特征提取关注图像的整体表征。常见的全局特征包括颜色特征、纹理特征、形状特征、空间位置关系特征等。局部特征提取关注图像的某个局部区域的特殊性质。一幅图像中往往包含若干兴趣区域，从这些区域中可以提取数量不等的若干个局部特征。

优秀的图像特征一般具有以下 4 个特性。

1）可靠性：对具有相同类别的对象提取出来的图像特征应该具有相似性。比如小狗小猫的识别，小狗的样貌特征比较统一，选择这一特征就能很好地识别是小狗还是小猫，而此时选择小狗的颜色作为特征就不是一个好的选择。

2）区别性：提取出来的图像特征应该具有很好的区别性。类别之间的特征值差别越大越好，不同类别的特征值应该具有显著差异。比如篮球和乒乓球，直径大小的差异就有明显的不同。

3）独立性：各个特征之间应该相互独立，彼此不相关联。若两个特征值所表征的是识别对象的同一属性，那么这两个特征就可以合并为一个特征值，使得计算量大为简化。

4）数量小：表示图像特征的各个特征数目不能过大。特征数目的增多会显著增加基于特征的图像识别的复杂度。

颜色特征是一种全局特征，描述了图像或图像区域所对应的景物的表面性质。由于颜色对图像或图像区域的方向、大小等变化不敏感，因此颜色特征不能很好地捕捉图像中对象的局部特征。此外，仅使用颜色特征进行查询时，如果数据库很大，常会将许多不需要的图像也检索出来。颜色特征提取方法有颜色直方图、颜色集、颜色矩（颜色分布）、颜色聚合向量、颜色相关图。颜色直方图如图 6-20 所示。

颜色直方图

彩图 6-20

图 6-20　颜色直方图

纹理特征也是一种全局特征，它描述了图像或图像区域所对应景物的表面性质。但由于纹理只是一种物体表面的特性，并不能完全反映物体的本质属性，因此仅仅利用纹理特征是无法获得高层次图像内容的。

与颜色特征不同，纹理特征不是基于像素点的特征，它需要在包含多个像素点的区域中进行统计计算。在模式匹配中，这种区域性的特征具有较大的优越性，不会由于局部的偏差而无法匹配成功。

作为一种统计特征，纹理特征常具有旋转不变性，并且对于噪声有较强的抵抗能力。但是，纹理特征也有其缺点，一个很明显的缺点是当图像的分辨率变化的时候，所计算出来的纹理可能会有较大偏差。另外，由于有可能受到光照、反射情况的影响，从二维图像中反映出来的纹理不一定是三维物体表面真实的纹理。

例如，水中的倒影，光滑的金属面互相反射造成的影响等都会导致纹理的变化。由于这些不是物体本身的特性，因而将纹理信息应用于检索时，有时这些虚假的纹理会对检索造成"误导"。在检索具有粗细、疏密等方面较大差别的纹理图像时，利用纹理特征是一种有效的方法。但当纹理之间的粗细、疏密等易于分辨的信息之间相差不大的时候，通常的纹理特征很难准确地反映人的视觉所能感觉出的不同纹理之间的差别。

原图与 LBP（local binary pattern，局部二值模式，是一种用来描述图像局部纹理特征的算子）纹理特征对比如图 6-21 所示。

（a）原图　　　　　　　　　　　　　　　　（b）LBP 纹理特征图

图 6-21　原图与 LBP 纹理特征对比

许多形状特征仅描述了目标局部的性质，要全面描述目标，常对计算时间和存储量有较高的要求；许多形状特征所反映的目标形状信息与人的直观感觉不完全一致，或者说，特征空间的相似性与人的视觉系统感受的相似性有差别。另外，从二维图像中表现的三维物体，实际上只是物体在空间某一平面的投影，从二维图像中反映出来的形状常常不是三维物体真实的形状，由于视点的变化，可能会产生各种失真。同时，如果目标有变形时，检索结果往往不太可靠。

在通常情况下，形状特征有两类表示方法：一类是轮廓特征；另一类是区域特征。图像的轮廓特征主要针对物体的外边界，而图像的区域特征则关系到整个形状区域。典型的形状特征描述方法有边界特征法、傅里叶形状描述算法、几何参数法、形状不变矩法等。图像轮廓特征如图 6-22 所示。

图 6-22　图像轮廓特征

图像的特征提取需要根据需要识别的对象不同而不同，现在特征的提取还可以采用机器学习的方法完成，选择哪些特征，如何区分，都让机器去自主学习完成，目前已经能做到很好的识别率。

5. 图像识别

图像刺激作用于感觉器官，人们辨认出它是以前见过的某一图像的过程，叫作图像再认。在图像识别中，既要有当前进入感官的信息，也要有记忆中存储的信息，只有通过存储的信息与当前的信息进行比较的加工过程，才能实现对图像的再认。

图像识别是以图像的主要特征为基础的。每个图像都有它的特征，如字母 A 有个尖，P 有个圈，而 Y 的中心有个锐角等，如图 6-23 所示。对图像识别时，对眼睛运动的研究表明，视线总是集中在图像的主要特征上，也就是集中在图像轮廓的地方，这些地方的信息量最大，而且眼睛的扫描路线也总是依次从一个特征转到另一个特征上。由此可见，在图像识别过程中，知觉机制必须排除输入的多余信息，抽出关键的信息。同时，在大脑里必定有一个负责整合信息的机制，它能把分阶段获得的信息整理成一个完整的知觉映像。图像识别中的特征提取非常重要，图像识别

图 6-23　字母 APY

主要是根据图像的特征进行分类，同一相似特征的图像分为一类，不同相似特征的图像分为不同的类。根据形状、颜色和纹理特征的图像识别如图 6-24 所示。

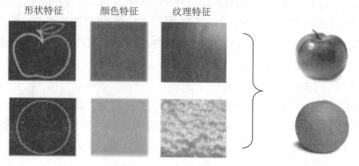

图 6-24　根据形状、颜色和纹理特征的图像识别

为了编制模拟人类图像识别活动的计算机程序，人们提出了不同的图像识别模型，如模板匹配模型。这种模型认为，识别某个图像，必须在过去的经验中有这个图像的记忆模式，又叫模板。当前的图像输入如果能与计算机中存储的模板相匹配，这个图像也就被识别了。这种模型简单明了，也容易得到实际应用。但这种模型强调图像必须与初始的模板完全符合才能加以识别，因此只能识别与初始模板相类似的图片。而事实上，人不仅能识别与大脑中的模板完全一致的图像，也能识别与大脑中的模板差别较大的图像。图像识别匹配如图 6-25 和图 6-26 所示。

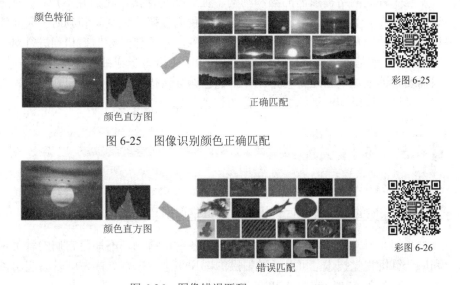

图 6-25　图像识别颜色正确匹配

图 6-26　图像错误匹配

基于特征的图像识别需要人为选择可以区分的特征，我们很难设计出应对多种识别任务的特征，而且即使精心设计了图像特征，计算机对图像的理解仍然可能和人类存在很大的差异，如需要识别特征非常相似的一张人脸和一张猫的照片，对于特征识别来说，因为特征相似，计算机在模板库中找到相似的模板，会把它们归属为同类，而不会区分一张是人的照片，一张是猫的照片。因此，基于特征的识别方法仍有很多问题。如图 6-27 所示是两张特征相似的图像，在图像识别时可能出现识别错误。

图 6-27　图像特征相似的图

随着技术的发展，人们开始寻找其他方法来进行图像识别。近些年来，深度学习在图像识别领域取得了长足的发展。深度学习应用到图像识别领域，避免了人工设计图像特征这项令人头痛的工作。例如，区分猫和狗，只需要把各种猫和狗的照片送入神经网络中，神经网络根据标有猫和狗标签的照片，通过深度学习去自动地学习猫和狗的特征，而不必告诉它猫和狗各自有哪些特征，只需对神经网络获取的猫和狗的特征，使用未进行标记的猫和狗的照片进行验证，看它是否能正确区分猫和狗，如果不能，重复学习，再进行验证，直到验证通过；然后投入实际应用，对新的没有标记的猫和狗的照片，神经网络就能正确地判断出它是猫还是狗。

至于神经网络提取出的猫和狗的特征究竟是什么，我们并不知道，也不需要关心。这个过程和人类的学习过程非常相似。当我们教孩子识别猫和狗时，只要让他们看到各种猫和狗的照片，同时告诉他这是猫还是狗，并且与实际的猫和狗进行对照，经过一段时间之后，他基本上就可以认识了。我们并不用给孩子详细描述猫和狗在外观上的区别，只需要告诉他这是猫还是狗，一开始他也许会认错，但是只要立刻纠正并告诉他正确答案，经过一段时间的训练之后，他的识别正确率就会越来越高了。

6.3　项目实施

6.3.1　案例鉴赏：基于计算机视觉的植物识别

我们在日常工作、生活中常常会碰到各种动植物，不知道它们的种类和名称，现在利用计算机视觉技术，可以通过拍摄的图片来进行识别。首先可以去应用市场下载识物APP，如百度APP，完成APP安装。

设置百度使用相机权限。以荣耀手机为例，可以按照"设置→应用→应用管理→百度→权限→相机→每次使用询问"进行设置。百度APP相机权限设置如图6-28所示。

打开APP，选择搜索框右侧的"相机"图标，如图6-29所示，接下来选择需要识别的物品类别。以植物为例，相机对准所选植物，如图6-30所示，点击"识万物"选项，便可以得到所识别植物的信息，如别名、花期、科属、分布区域等，如图6-31所示。

图6-28　百度APP相机权限设置　　　　图6-29　百度APP相机选择

图 6-30　百度 APP 识万物　　　　图 6-31　　水稻识别

6.3.2　训练实操：使用豆包 APP 生成图片

豆包 APP 是一款由字节跳动公司开发的人工智能工具，用户可以通过文字或语音与豆包 APP 进行交互，获取科学、历史、文化、娱乐、健康等各个领域的知识。

以下是使用豆包 APP 的"AI 生图/修图"功能的操作步骤。

步骤一：打开应用市场，在搜索框中输入"豆包"并搜索。

步骤二：在出现的"豆包"应用右侧点击"安装"按钮，如图 6-32 所示。

步骤三：安装完成后，应用市场"豆包"右侧显示为"打开"状态，如图 6-33 所示，同时生成"豆包"图标。

图 6-32　搜索"豆包"　　　　　图 6-33　　"豆包"安装成功

步骤四：打开豆包 APP，阅读并同意豆包的服务协议和隐私政策，"使用抖音一键登录"或"手机号登录"，如图 6-34 所示。

步骤五：点击"AI 生图/修图"，如图 6-35 所示。

步骤六：选择绘画网络，在提示框中输入提示词文本或语音，如图 6-36 所示。

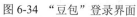
图 6-34 "豆包"登录界面

图 6-35 "豆包"界面

图 6-36 输入提示词

步骤七：点击"生成"按钮，生成图片，如图 6-37 所示。

步骤八：滑动图片，在生成的 4 张图片中选择自己喜欢的图片并下载，如果不满意，可以使用 AI 修图或重新生成，如图 6-38 所示。

图 6-37 生成图片

图 6-38 图片"下载、AI 修复、再次生成"

思政苑

计算机视觉助力"祝融号"在火星环境下畅走

祝融号，"天问一号"任务火星车，火神祝融登陆火星的意思。2021 年 5 月 17 日，"祝融号"火星车（见图 6-39）首次通过环绕器传回遥测数据。5 月 22 日 10 时 40 分，"祝融号"火星车已安全驶离着陆平台，到达火星表面，开始巡视探测。6 月 11 日，"天问一号"探测器着陆火星，首批科学影像图公布。8 月 23 日，"祝融号"火星车平安在火星度过 100 天，更是行驶里程突破 1000 米的关键一天，标志着我国首次火星探测任务取得圆满成功。

图 6-39 "祝融号"火星车

"祝融号"火星车搭载了 2 台高科技的视觉设备，包括：

1）多光谱相机，获取着陆点周围的地形、地貌和地质背景信息，进行空间分析，获得岩石、土壤等可见近红外光谱数据；采集各种白天和黑夜的天空图像，以进行特定的大气、气象和天文研究。

2）导航地形相机，拍摄广角图片，指导火星车的移动并寻找感兴趣的目标（岩石/土壤等）；结合环绕器上搭载的高分辨率相机，将拍摄到的地面图像进行比对，可以校准火星表面的真实情况；为其他科学载荷寻找感兴趣的探测目标或区域。

正是由于有了这两对眼睛，才使得"祝融号"火星车在陌生环境下行走变得顺畅。由于搭载了导航地形相机，"祝融号"火星车能顺利完成地形探测和路径规划，在自主避障行走过程中，能在复杂多变的环境中避开障碍物，找到最优路线行走。多光谱相机又能获取火星地形，采集各种白天和黑夜的天空图像，能对火星环境研究提供数据。这是计算机视觉技术在我国火星探索领域的深度应用，表明我国在计算机视觉技术领域处于国际前沿位置。

■■■■■■■■■■■■■■■■■ 讨论与思考 ■■■■■■■■■■■■■■■■

1. 判断题

（1）计算机视觉指用摄影机和计算机代替人眼对目标进行识别、跟踪和测量。

（　　）

（2）中国计算机视觉发展主要经历了 3 个阶段。　　　　　　　　（　　）

（3）计算机视觉检测方法可以大大提高生产效率和生产的自动化程度。　（　　）

（4）小孔成像现象说明了光沿直线传播的性质。　　　　　　　　（　　）

（5）对于灰度或黑白图像，像素值范围是 0～255。　　　　　　　（　　）

（6）图像以数字矩阵的形式存储在计算机中。　　　　　　　　　（　　）

（7）几乎所有颜色都可以从三种原色（红色、绿色和蓝色）生成。　　（　　）

（8）图像二值化就是将图像上的像素点的灰度值设置为 0 或 255。　　（　　）

2. 选择题

（1）（　　）不是图像灰度化的方法。

    A. 最大值法　　　　　B. 平均值法　　　　　C. 频率法

（2）三原色是 R、（　　）、B 三原色。

    A. G　　　　　　　　B. Y　　　　　　　　C. X

（3）图像特征主要有图像的颜色特征、纹理特征、（　　）和空间关系特征。

    A. 数学特征　　　　　B. 物理特征　　　　　C. 形状特征

（4）形状特征有两类表示方法：一类是（　　）；另一类是（　　）。

    A. 大小特征　　　　　B. 轮廓特征　　　　　C. 区域特征

（5）计算机视觉对图像的识别有不同的算法，以下（　　）是图像识别算法。

    A. 图像变换　　　　　B. 人眼识别　　　　　C. 模板匹配

项目 7

聆听智能语音

学习指导

学习目标 ☞

- 理解声音和语音的概念;
- 理解智能语音的概念;
- 了解智能语音识别、智能语音合成技术的基本原理及其内容;
- 了解自然语言理解、自然语言生成的基本原理及其内容;
- 初步了解智能语音技术在"智能语音客服"中的应用;
- 能够利用手机 APP 实现同声传译的功能;
- 掌握使用"讯飞星火"实现语音交互、短视频脚本编写的方法;
- 理解《道德经》中"大音希声"中的"音"与现代智能语音技术的联系;
- 通过"智能语音说方言"案例,培养学生保护传统文化的意识和素养。

7.1 项目描述

智能语音技术通常包含两个方向，即语音识别和语音合成。语音识别主要是将人类语音中的词汇内容转换为计算机可读的输入，语音识别就好比机器的听觉系统，它使机器通过识别和理解，能将语音信号转换为相应的文本或命令；而语音合成则类似于机器的嘴巴，它把运算结果中的电信号转换为拟人的声音信号。智能语音是一项融合了数学与统计学、声学、语言学、生物学等多学科知识的前沿技术。

什么是智能语音

自 2009 年深度学习技术兴起之后，语音识别技术的发展已经取得了长足进步。语音识别技术的精度和速度取决于实际应用环境，在安静环境、标准口音、常见词汇场景下，语音识别技术准确率已超过 97%，具备了与人类相仿的语音识别能力。

本项目重点介绍智能语音技术的基本原理及其当前应用现状。

7.2 知识准备

声音在自然界中广泛存在，其本质是由物体振动产生的声波，声音与轮廓都可以作为基本特征来描述事物。例如，《道德经》中所说的"大音希声，大象无形"正是以声音和轮廓来表述的中国传统哲学理念，这里的"音"泛指各种声音，而语音是特指人类发出的能够用于实际交流的声音。在一定程度上，声音包含了语音，语音是声音中最特殊且最重要的组成部分。

随着工业化与智能化进程的推进，智能语音技术已成为较为重要的科学技术。智能语音技术已经融入人们的日常生活，如常用的智能音响，既能对用户发出的语音进行识别，也能将其运算的结果进行语音合成后反馈给用户。在人工智能大潮的推动下，人们对于人机交互终端也提出了新的展望，即让机器拥有"耳朵"和"嘴巴"，使机器既可以听懂人类的语言并执行人类发出的指令，又可以通过语音来给人类反馈，从而解放人类的双手。智能语音示意如图 7-1 所示。

图 7-1 智能语音示意图

当代智能语音技术已经在许多领域得到了成功的运用，如智能音箱、智能电视、智能机顶盒、智能故事机、智能学习机、智能录音笔、车载智能导航等，人们可以通过使用该技术来和机器完成高自然度的人机交互。智能语音交互过程如图 7-2 所示。

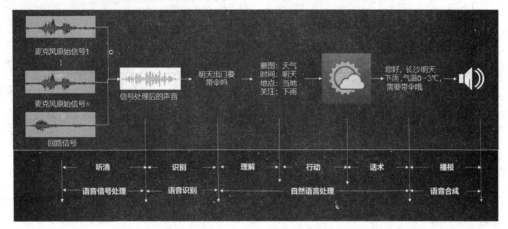

图 7-2　智能语音交互过程

在智能语音交互过程中，机器需要"听清"声音并且"识别"声音，然后"理解"声音所含信息，并根据理解的信息采取下一步"行动"（查询当地天气信息），再根据行动（查询）的结果，思考给出问题的答案（文字），通过语音反馈给用户。这个过程类比人听到了同样的语音指令所需要进行的步骤。

智能语音主要包含了语音信号处理、语音识别、自然语言处理、语音合成等技术领域。

7.2.1　语音信号处理

人的耳朵是一个很特殊、灵敏的器官，可以分辨声音的大小、方位和距离，感觉声音的大小和远近变化，还可以选择感兴趣的声音进行聆听。例如，在周围有各种噪声的环境中，如果远处突然有人叫自己的名字，人们往往能够马上就注意到他，而忽略环境中其他的声音或噪声。

如果把机器放到同样的环境中，机器是很难从各种声音中找到真正需要倾听的声音的，这就需要在语音识别前解决机器"听清"和"识别"的问题。机器要识别采集的语音（连续的模拟信号），首先要经过预处理，如回声消除、混响分离、降噪、采样、量化等，然后将语音信号送入特征提取模块进行特征处理，并利用声学模型和语音模型对语音信号进行解码，然后输出识别结果。

1. 回声消除

声波在传播过程中，碰到大的反射面（如建筑物的墙壁、大山等）将发生反射，人们把能够与原声区分开的反射声波叫作回声。

在麦克风离音源比较远的远端（如分会场）语音识别系统中，回声消除最典型的应用是智能终端播放音乐，远端扬声器播放的音乐会回传给近端（如主会场）麦克风，此时需要有效的回声消除算法来抑制远端（如远端扬声器播放的音乐）信号的干扰。回声消除波形示例如图 7-3 所示。

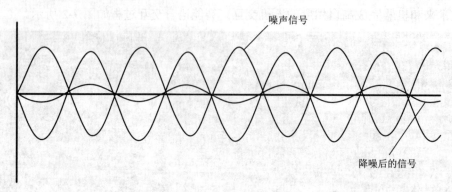

图 7-3　回声消除波形示例

2. 混响分离

声波在室内传播时，要被墙壁、天花板、地板等障碍物反射，每反射一次都要被障碍物吸收一些，当声源停止发声后，声波在室内要经过多次反射和吸收，最后才消失。这种室内声源停止发声后仍然存在的声音延续现象叫作混响，这段时间叫作混响时间。混响传达到麦克风，从而生成混响语音；房间大小、声源和麦克风的位置、室内障碍物、混响时间等因素均影响着混响语音的生成。混响降低了语音清晰度，给语音识别带来了很大的困难，因此在语音识别前需要进行混响分离处理。混响分离示例如图 7-4 所示。

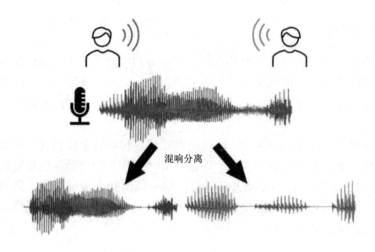

图 7-4　混响分离示例

3. 降噪

在生活环境中通常会存在如空调、风扇等产生的各种噪声，降噪算法的目的在于降低环境中存在的噪声，提高信噪比，进一步提升识别效果。语音降噪示例如图 7-5 所示。

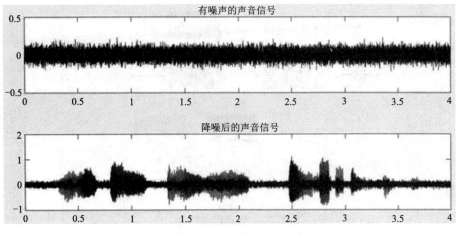

图 7-5　语音降噪示例

4. 采样

机器不能直接识别模拟信号的语音，需要将声波波形转换成计算机能直接识别的二进制数据，完成这一任务的设备是模/数转换器（A/D）。它以每秒上万次的速率对声波进行采样，每一次采样都记录下了原始模拟声波在某一时刻的状态，称之为样本。将一串样本连接起来，就可以描述一段声波，把每秒钟所采样的数目称为采样频率，单位为Hz（赫兹）。采样频率越高，所能描述的声波频率就越高。采样频率决定声音频率的范围（相当于音调），可以用数字波形表示。声音的采样与量化如图 7-6 所示。

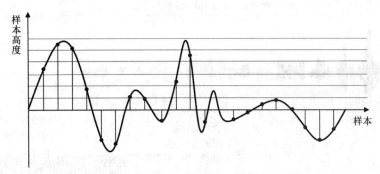

图 7-6　声音的采样与量化示意图

7.2.2　语音识别

语音识别就是把语音转换成文字。具体来说，是输入一段语音信号，要找一个文字序列（由词或字组成），使得它与语音信号的匹配程度最高，解决机器"听清"的问题。对于不同的语音识别过程，人们采用的识别方法和技术都不尽相同，但其基本原理大致相同，即将经过预处理后的语音信号送入特征提取模块进行特征处理，并利用声学模型和语言模型

语音识别

对语音信号进行解码，然后输出识别结果。语音识别技术主要包括语音特征提取技术、声学模型与模式匹配技术以及语言模型与语义理解技术。语音识别框架如图 7-7 所示。

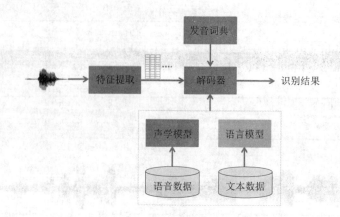

图 7-7　语音识别框架

1. 语音特征提取技术

在智能语音识别系统中,模拟的语音信号在完成 A/D 转换后会变成能被计算机识别的数字信号。但是时域上的语音信号难以直接被识别,这就需要从语音信号中提取语音特征。这样做的好处是:一方面可以获得语音的本质特征;另一方面可以起到压缩数据的作用。输入的模拟语音信号首先要进行预处理,然后将语音划分为极小的片段,以便于处理,同时尽可能降低信号失真等,以获取语音的声学特征,再将语音声学特征转换为发音的最小单元,如音素特征。语音特征提取示例如图 7-8 所示。

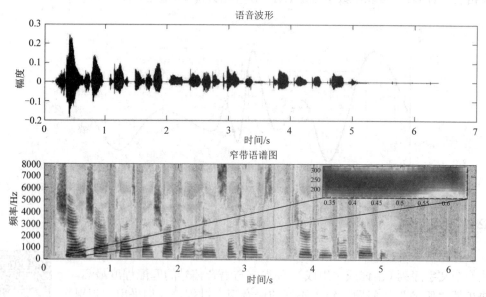

图 7-8　语音特征提取示例

2. 声学模型与模式匹配技术

声学模型的输入是由语音特征提取技术提取的声学特征,它负责将每一个单词与基本的发音单位对应起来（不同语言建模的基本单位也不同，如英语多采用音素建模，而汉语比较适合声韵母建模），根据声学特征直接得到最匹配的字符串。目前，智能语音识别主要采用隐马尔可夫模型（hidden Markov model，HMM）建模，深度神经网络在语音识别中的应用正在兴起。

HMM 是统计模型，用来描述一个含有隐含未知参数的马尔可夫过程。其方法是从可观察的参数中确定该过程的隐含参数，然后利用这些参数来做进一步分析。

假设有一个盲人无法看到外面的天气状况，但可以通过触摸树叶的干湿状态（干燥、潮湿、湿润）来判断天气状态（晴、阴、雨），树叶的干湿状态与天气的状况有一定的概率关系。如果把树叶的干湿程度记为观测状态（用 O 表示），对于盲人来说，天气状态就是隐藏状态（用 S 表示），如图 7-9 所示。

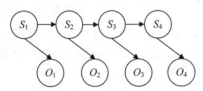

图 7-9　HMM 示意图

假定明天的天气（或晴或阴或雨 3 种可能，用 S_1 表示），与今天的树叶观察结果（或干燥或潮湿或湿润，用 O_1 表示）及今天的天气相关（相关程度用概率），与昨天的天气无关；同理，后天的天气（S_2）与明天的天气（S_1）及明天树叶的观察结果（O_2）相关，与今天的天气无关……简单地说，根据观察值及隐含的相关性（概率）找到可能出现的结果，这就是 HMM。

对于智能语音识别系统，要根据接收端收到的信号去分析、理解、还原发送端传送过来的信息。那么如何根据接收的信息来推测说话者想表达的意思呢？利用 HMM 可以解决这些问题。假定，接收到语音信号 O_1、O_2、O_3，现在要根据这组信号推测出发送的句子 S_1、S_2、S_3，这时，应该在所有可能的句子中找最有可能性的那一个。如果用数学语言来描述，就是在已知 O_1、O_2、O_3…的情况下，求使得条件概率：$P(O_1,O_2,O_3,\cdots|S_1,S_2,S_3,\cdots) \times P(S_1,S_2,S_3,\cdots)$ 达到最大值的那个句子 S_1、S_2、S_3…。其中，$P(O_1,O_2,O_3,\cdots|S_1,S_2,S_3,\cdots)$ 表示某句话 "S_1、S_2、S_3…" 被读成 "O_1、O_2、O_3…" 的可能性；$P(S_1,S_2,S_3,\cdots)$ 表示字串 "S_1、S_2、S_3…" 本身能够成为一个合乎情理的句子的可能性。

现做两个假设：

1）"S_1、S_2、S_3…" 是一个马尔可夫链，即 S_i 只由 S_{i-1} 决定；

2）第 i 时刻的接收信号 O_i 只由发送信号 S_i 决定，即 $P(O_1,O_2,O_3,\cdots|S_1,S_2,S_3,\cdots) = P(O_1|S_1) \times P(O_2|S_2) \times P(O_3|S_3) \cdots$。

那么就可以很容易利用算法找出上面式子的最大值，进而找出要识别的句子 "S_1、S_2、S_3…" 这就是 HMM，其中状态 "S_1、S_2、S_3…" 是无法直接观测到的。声学模型示例如图 7-10 所示。

在智能语音领域的应用中，HMM 被广泛用于语音识别、语音合成和语音分析等任务中。以下是 HMM 在智能语音中的一些具体应用。

图 7-10 声学模型示例

语音识别：基于 HMM 的语音识别系统可以分为离线语音识别系统和在线语音识别系统。离线语音识别系统的语音样本是已知的，可以离线处理；而在线语音识别系统是实时处理语音输入。音素 HMM 是最基本的模型，它将语音信号划分为多个音素，每个音素对应于一个状态。音节 HMM 是在音素 HMM 的基础上加入了音节的上下文信息。词汇 HMM 是在音节 HMM 的基础上加入了词汇的上下文信息。

语音合成：基于 HMM 的语音合成方法，通过训练一个 HMM 来描述语音信号的统计特性，然后利用这个 HMM 来生成新的语音信号。这种方法可以生成与训练语音相似的语音，因此在语音合成、语音动画等领域有广泛的应用。

语音情感分析：利用 HMM 可以对语音中的情感进行识别和分析。通过对语音信号进行特征提取和模型训练，可以判断说话人的情感状态，例如高兴、悲伤、愤怒等。这种技术在智能客服、智能家居等领域有广泛的应用。

说话人识别：利用 HMM 可以对说话人的语音特征进行建模和识别，从而实现说话人识别。通过对说话人的语音进行特征提取和模型训练，可以判断出说话人的身份或者识别出录音中的说话人。这种技术在安全、司法等领域有广泛的应用。

随着人工智能技术的不断发展，HMM 在智能语音领域的应用将会更加广泛和深入。

3. 语言模型与语义理解技术

根据声学特征直接得到最匹配的字符串，忽略了语言学信息，如多音字词的理解、上下文之间的关系等。因此，还需要语言模型来对识别结果进行语法和语义的纠正。

语言模型是计算一个句子是正确句子，没有语义、语法错误的概率的模型。语言模型可以基于语法规则，也可以基于统计方法。

基于语法规则的语言模型：语言学家试图总结出一套通用语法规则，如形容词后接名词等。例如，老师的课讲得真好！正确率：0.8（语义+语法）；老师的课真的很一般！正确率：0.01（老师的课不好，不符合语义）；课的老师很真好的！正确率：0.0001（语义、语法都不符合）。这样做的问题是语言是千变万化的，再高明的语言学家也没有办法总结出一套通用的规则，并且随着时代变化也会有很多新词出现，这些词很难分析词性变化，如洪荒之力、凡尔赛等。

基于统计方法的语言模型：通过对大量文本语料进行处理，获取给定词序列的概率分布，从而能够客观描述隐含的规律，适合于处理大规模真实文本。基于统计方法的语言模型已被广泛应用于语音识别、机器翻译、文本校对等领域。

7.2.3　自然语言处理

自然语言处理（natural language processing，NLP）属于计算机科学、语言学、数学等领域的交叉学科，是用人工智能来处理、理解以及运用人类语言，实现人与机器的自然交流。如语音助手与人类之间的交流，离不开自然语言处理技术。自然语言处理包括自然语言理解和自然语言生成两部分。

1. 自然语言理解

自然语言理解（natural language understanding，NLU）是指通过计算机对自然语言文本进行分析处理，从而理解该文本的过程、技术和方法，在智能语音系统中主要应用在将语音识别后的语音信息转换为文本表示。自然语言是人类区别于其他动物的重要特征，没有语言，人类的思维和文明无从传承。对于机器而言，能够理解自然语言才真正向人工智能迈进了

自然语言理解

一步，即只有当机器具备了理解自然语言的能力时，它们才算是初步具备了"智能"。

20 世纪 50 年代，当电子计算机还在襁褓之中时，利用计算机处理人类语言的想法就已经出现。当时，美国希望能够利用计算机将大量俄语材料自动翻译成英语，以窥探苏联科技的最新发展。研究者从对军事密码的破译这一行为中得到启示，认为不同的语言只不过是对"同一语义"的不同编码而已，从而想当然地认为可以采用译码技术，像破译密码一样"破译"这些语言。事实上，理解人类语言远比破译密码要复杂得多，存在着很多困难和挑战。经过长期探索，自然语言理解技术已经有了长足进步，现有的自然语言理解技术一般包含词法分析、句法分析、语义分析和语用分析 4 个环节。

（1）词法分析

词法分析的主要目的是从句子中切分出单词，找出词汇的各个词素，并确定其词义。词法分析包括词形和词汇两个方面。一般来讲，词形主要表现在对单词的前缀、后缀等的分析，而词汇则表现在对整个词汇系统的控制。在中文全文检索系统中，词法分析主要表现在对汉语信息的词语切分上，此即为汉语自动分词技术。通过这种技术，机器能够比较准确地分析用户输入信息的特征，从而完成准确的搜索过程。汉语中每一个字都是"词素"，因此词素寻找过程非常容易，但要切割词汇就较为困难。例如，"学校体检来了三个医院的医生"，词汇分割可以是"学校体检/来了/三个/医院的医生"，是陈述有三个医生来自同一家医院；也可以分割成"学校体检/来了/三个医院的/医生"，是陈述来了三个医生，分别属于三家医院。

（2）句法分析

句法分析是对用户输入的自然语言进行词汇短语分析，目的就是找出词、短语等的相互关系以及它们各自在句子中的作用等，并以一种层次结构来加以表达。这种层次结构可以是从属关系、直接成分关系，也可以是语法功能关系。句法分析是由专门设计的分析器进行的，其分析过程就是构造句法树的过程，即将每个输入的合法语句转换为一棵句法分析树。例如，句子"我来大学是上学的"，要对其进行结构树拆分，先要明确句子主干，主语是"我"，谓语动词是"来"，宾语是"是上学的"，要注意这里是复合

宾语结构，即宾语中又包含了谓语动词"是"和宾语"上学的"。例句的句法分析树如图 7-11 所示，因其形状像树权的分支，所以这种图称为"树"。

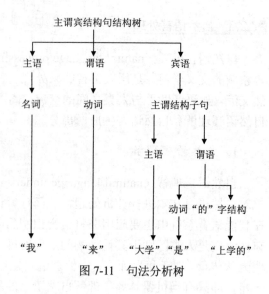

图 7-11　句法分析树

（3）语义分析

语义分析是基于自然语言语义信息的一种分析方法，其不仅仅是词法分析和句法分析这种语法水平上的分析，更多地会涉及单词、词组、句子、段落所包含的意义分析。其目的是用句子的语义结构表示语言的结构。中文语义分析方法是基于语义网络的一种分析方法。语义网络则是一种结构化的、灵活的、明确的、简洁的表达方式。语义分析其实就是要识别一句话所表达的实际意义，通俗来讲就是弄清楚一个事件的来龙去脉。例如，"你是不是吃多了？"这句话可以有两种解释：一种是质问对方是不是"无事生非"；另一种是表达关心，是否对方因过度饮食而有身体不适。同一种文本组合可能产生歧义，语义分析可以解决文本的多重语义问题。

（4）语用分析

语用分析主要是在语义分析的基础上，结合上下文、语言背景、环境来做进一步分析。例如，"你是不是吃多了？"如果上下文语境是"在医院"，那么例句的表意结构和深层意义一目了然。语用分析就是为了让机器能够深刻解读自然语言而增加的分析环节。

人们听到语音时，并不会把语音和语言的语法结构、语义结构分离开来。但当语音发音模糊时，人们可以利用这些知识来指导对自然语言的理解过程。对机器来说，自然语言理解系统也要利用这方面的知识，只是在有效地描述这些语法和语义时还存在一些困难。不同规模的自然语言理解系统包含的词汇量有相当大的差别。

1）小词汇量的自然语言理解系统：通常包括几十个词。

2）中等词汇量的自然语言理解系统：通常包括几百至上千个词。

3）大词汇量的自然语言理解系统：通常包括几千至几万个词。

2. 自然语言生成

自然语言生成（natural language generation，NLG）是自然语言处理的一部分，在智能语音系统中，是将自然语言理解后的语音以人类语言的形式进行表达。自然语言生成降低了人类和计算机之间沟通的难度，被广泛应用于机器新闻写作、聊天机器人等领域，已成为人工智能的研究热点之

自然语言生成

一。例如，人类对话语音助手："现在几点了？"语音助手首先利用自然语言理解技术判断用户的意图，理解用户的需求是什么，然后再利用自然语言生成技术做出回复："现在是早上 7 点整。"

传统的自然语言生成框架包含 3 个模块，即内容规划、句子规划和文本实现，如图 7-12 所示。"内容规划"模块讨论的是"说什么"的问题；"句子规划"模块讨论的是"怎么说"的问题，从微观层面决定词汇和句法结构；而"文本实现"模块则负责生成语法、句法、词性正确的文本内容。

图 7-12　自然语言生成框架

（1）内容规划

智能语音系统对输入的语音进行自然语言理解，了解到说话人的意图，如图 7-2 中的询问"明天要带伞吗？"蕴含着对话想要了解的信息"时间、地点、天气状况、是否需要带伞"等。自然语言生成系统需要决定哪些信息应该包括在输出文本中，哪些信息不应该包括，如输出信息包含"时间：明天；地点：询问者所在地；天气：下雨；气温 0～3℃；答：带伞"等。通常情况下，数据中包含的信息比想要通过文本传达的要多，或者数据比想要用文本表达的要详细。

（2）句子规划

"内容规划"模块为"句子规划"模块提供了最基本的内容，但并没有完全指定输出文本的内容和结构。"句子规划"模块的任务就是进一步明确定义规划文本的细节，如对已规划的如图 7-2 中的内容，确定输出结构：先说时间，再说地点，然后说天气，最后说结果，即"明天、长沙、下雨、气温 0～3℃，带伞"。

（3）文本实现

将所有相关的单词和确定的短语组成一个结构完整的句子。如图 7-2 中参考输出句子"您好！长沙明天下雨，气温 0～3℃，需要带伞哦"。自然语言生成工作过程如图 7-13 所示。

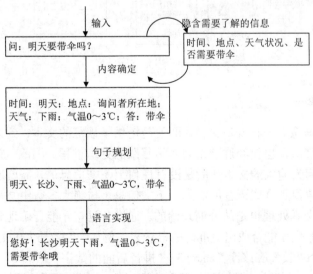

图 7-13　自然语言生成工作过程示意图

7.2.4　语音合成

语音合成

语音合成是人机交互的重要一环。语音合成技术又被称为文语转换（text to speech，TTS）技术，可以将任意文字信息转化为流畅标准的语音朗读出来，相当于给机器装上了人工嘴巴。语音合成技术可以改善人机交互困难的情景，尤其是对有身体障碍、只能通过语音来交流的特殊人群，可以使他们和计算机的交流更加方便快捷。

语音合成技术处理的首要问题是如何把文字数据转变成声音信息，也就是说如何让机器像人类一样说话。但该技术领域所说的"让机器像人类一样说话"与声音回放设备是有本质区别的。声音回放设备比如录音机，它的原理是利用先录制好的音频，然后回放该音频来实现"让机器讲话"。这种方法在及时性、传输性、存储、内容等方面有很大的限制因素。利用语音合成技术来实现"让机器讲话"，主要是利用计算机来按照事先设计好的程序及指令人为地制造出不同的词、句子、音节，该技术能够在不限制任何时间和规格的情况下，将文本信息转化成高质量和高自然度的语音。

语音合成系统有两个组件：前端和后端。前端负责文本分析和语言特征提取，包括分词、句子成分标注、多词歧义消除、韵律结构预测等；后端基于前端的语言特征来生成语音，包括语音参数建模、韵律建模、语音生成等。语音合成过程如图7-14所示。

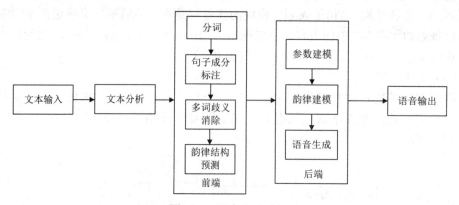

图 7-14　语音合成过程

1．前端处理

要让一个机器像人一样开口讲话，即使是提供了规范的文本，到语音合成阶段也是一件相当困难的任务，也要经过一系列非常复杂的处理过程。因此，首先要将文本信息进行初步处理，因为输入的文本一般是没有任何上下文信息的，需要通过一定的语法规则、语言学的规律得到合成语音所需的上下文信息。与绝大多数中文信息处理一样，语音合成系统中的文本处理也是从分词开始的。通过分词，才能正确地分析语义，划分语音单元进行注音，也才能合成出更准确的语音来。例如："我/长大/以后，我/的/胳膊/也/变长/了"。第一个"长"应该读"zhang3"（拼音后面的数字代表音调，0-轻声，1-阴平，2-阳平，3-上声，4-去声），第二个"长"应读"chang2"，否则就无法确定"长"该如何读音。分词处理有两种方法：一种是基于词典匹配法，事先根据专家知识（如电子词典、新华字典等）建立词典的词条，通过词典匹配算法做出字词切分的判断；另一种方法是基于机器学习的方法，此种方法需要对大量的文本进行分词标注，从中抽取特征和所属类别训练模型，使用时对输入文本进行特征抽取后，利用模型判断边界类型，从而实现分词的目的。

真实文本中含有大量非标准词，这些词在词典中查不到，它们的读音也不能通过正常的拼音规则得到。在中文文本中，非标准词是指包含非汉字字符（如阿拉伯数字，标点符号、各种特殊符号等）的词，其中的非汉字字符需要转换成对应的汉字，这个转换过程称为文本正则化，是前端处理的重要环节。例如，"2008—2009 年，我市最低工资水平为¥1200 元/月，同比增长了 8.5%"。在这个句子里，"—"要正则化为"至"或"到"，"¥1200 元/月"要正则化为"人民币一千二百元每月"，"8.5%"要正则化为"百分之八点五"。

2. 后端处理

如果要让计算机合成的语音既显得抑扬顿挫，有节奏感，又轻重缓急，富有感情，就必须进行后端处理；否则，合成出来的语音就会显得机械呆板，让人听起来极不自然，甚至得到相反的信息。一般语音合成技术的前端处理是类似的，不同的语音合成技术的主要区别在于后端处理。前端生成的文本特征输入后端模块，合成相应的语音波形。传统的波形生成方法主要有波形拼接合成和统计参数合成。近些年，一些研究人员将深度学习技术应用到语音合成技术中，使得语音合成技术得到了进一步发展。传统的后端处理流程如图 7-15 所示。

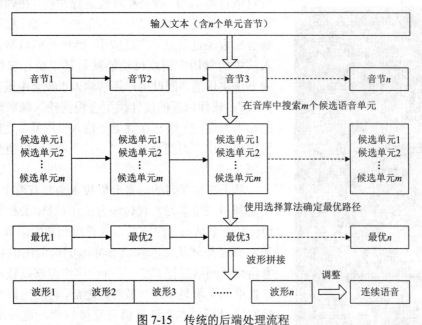

图 7-15　传统的后端处理流程

基于波形拼接的语音合成技术首先要构建一个音库，其内容是与单元音节相对应的语音波形，由原始语音按照音节进行切分得到。例如，先将真人语音"我今天学习的是人工智能啊"这一句话拆成单元音节"我""今""天""学""习""的""是""人""工""智""能""啊"，如果需要让机器说出"我的天啊"，则无须让真人再行录制，直接使用单元音节"我"+"的"+"天"+"啊"拼接即可完成期望的语音输出。具体而言，在音波合成时，首先从输入文本序列中分析出单元音节与进行单元挑选时所需的韵律信息、声学参数等，然后按照一定的规则，从音库中挑选一些与目标语音相似的候选合成单元开展合成操作。

在波形拼接语音合成技术研究初期，由于计算机处理能力较差、高质量的音库规模较小以及波形拼接算法性能较差等问题，合成语音的自然度和连续性较差，合成的语音风格较为单一，难以实现定制化语音合成，拼接痕迹比较明显。

基于统计参数的语音合成技术的基本原理是使用统计的方法对文本特征与声学特征之间的关系进行建模，利用训练好的模型预测输出声学特征。该方法首先提取输入信息的语言特征，然后使用统计的方法从文本特征生成声学特征（基频、时长、频谱等），最后使用声码器将声学特征转换为语音波形。语音合成流程如图 7-16 所示。

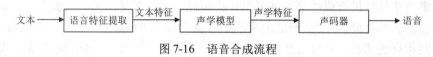

图 7-16　语音合成流程

在众多统计参数语音合成方法中，基于 HMM 的统计参数语音合成方法最为成熟。基于 HMM 的统计参数语音合成方法使用基频和线谱对或频谱作为语音的特征参数，输入文本经过文本分析得到上下文特征（音素、韵律等），使用 HMM 构建声学模型，同时对语音的基频、频谱和时长进行建模，在训练过程中建立文本特征到声学特征之间的映射关系。统计参数语音合成方法目前已被广泛应用，例如我们日常使用的输入法中的常用字词联想功能就是基于统计参数语音合成方法实现的。假设用户经常输入"我爱中国，我是中国人"，软件内置的统计模型会根据输入频率预测用户的输入习惯，当用户在键盘上输入"我爱"之后，统计模型根据用户习惯会显示"中国"。统计模型预测示例如图 7-17 所示。

图 7-17　统计模型预测示例

基于深度学习的语音合成技术主要有两个方向：一个是利用深度学习替代传统方法中的 HMM 的统计模块；另一个是利用深度学习进行端到端的语音合成，其基本原理是将从文本和语音样本中提取出的特征输入专用神经网络进行训练，等神经网络能够以较高的准确率将单元文本与单元音节对应之后，再利用训练好的神经网络对新的本文进行语音直接转化，这种特性也是"端到端"这一名称的由来。端到端的语音合成仅适用于英语等文本和其读音相关联的语言，而中文汉字和其读音几乎没有关联，因此，对于中文语音合成，输入文本序列在通过声学特征生成网络之前要先经过一个文本前端处理模块，其功能是为中文文本添加韵律信息，并且将汉字转换为与发音相关联的拼音或音素序列。深度学习语音合成流程如图 7-18 所示。

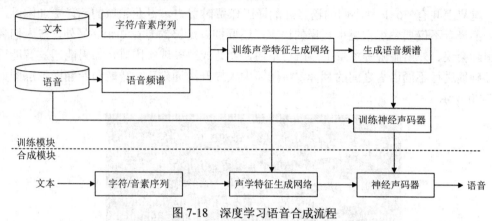

图 7-18　深度学习语音合成流程

要实现较好的后端处理效果，通常还需要解决音库扩展、统计优化和参数寻优问题。

（1）音库扩展

在传统的波形拼接后端处理中，音库的优劣是后端处理效果的决定性因素。例如，在功能机时代，多数厂商为节省存储空间，使用的都是"极简音库"，设备对于多音字的音库支持极其有限，类似"春去花还在，人来鸟不惊"中的"还"字读音就经常出现错误。音库的扩展面临的是存储空间的成倍增加，一般英文较少存在多音字现象，故需要专门针对中文进行重新设计。目前，较好的解决方案是使用云音库，将大数据技术和语音技术融合。云音库示例如图 7-19 所示。

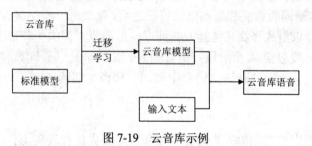

图 7-19　云音库示例

（2）统计优化

在后端处理中采用的 HMM 需要提前训练好，而执行不同合成任务的模型并不能通用，因此需要预先统筹多种 HMM。例如，同一台录音设备可能今天用于会议，明天用于演讲等。不同的场景对于统计模型的要求不同，如何针对多种场景需求构建多套模型或者通用性较强的模型是较为关键的问题。

（3）参数寻优

基于深度学习的语音合成技术的关键在于专用神经网络的构建和训练，语音合成属于非线性问题，通常需要使用多层神经网络处理。随着神经网络的层数增加，其自身需要的调整参数呈指数级递增，若要保证良好的性能，则需要参数合理寻优。目前，针对神经网络的参数寻优一般采用遗传算法、模拟退火算法、极限学习算法等来智能处理参数问题。

7.2.5 智能语音翻译

世界上共有 5671 种不同的语言，翻译工作费时费力，专业领域的翻译更加困难，因为翻译者不仅要熟练掌握待翻译的语言，还要拥有足够的专业知识。另外，在人们参加国际会议、外出旅游等场景下，语言不通，会造成很多现实困难，如果能通过智能语音准确地进行不同语言之间的翻译，将能够大大提升沟通效率。智能语音翻译示意图如图 7-20 所示。

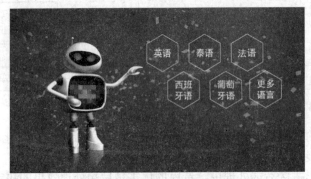

图 7-20　智能语音翻译示意图

机器在进行语音翻译之前，在存储器中已存储了语言学工作者编好的并由数学工作者加工处理过的机器词典和机器语法。人们进行翻译时所经历的过程，机器也同样遵照执行：先查词典得到词的意义和一些基本的语法特征（如词类等），如果查到的词不只有一个意义，那么就根据上下文选取所需要的意义（这一点参照自然语言理解中的"语用分析"）；在弄清楚词的意义和基本语法特征之后，就要进一步明确各个词之间的关系；此后，根据翻译要求组成译文（包括改变词序、翻译原文词的一些形态特征及修辞等）。语音翻译的过程一般包括 4 个阶段：语音输入、原文分析（查词典和语法分析）、译文综合（调整词序与修辞以及从译文词典中取词）和译文朗读。

1. 语音输入

计算机只能识别二进制输入，因此字词和符号要先进行转码工作，即将自然语音转换为二进制码。以例句"我在学校"的翻译为例，不论是要翻译成何种语言，都要先把每一个单词转换成机器可以识别的二进制码，在我国以汉字二进制国家标准码 GB/T 2312—1980 为准。汉字与二进制国家标准码对照如图 7-21 所示。

我	1100111011010010
在	1101010011011010
学	1101000110100111
校	1101000010100011

图 7-21　汉字与二进制国家标准码对照

2．原文分析

原文分析有两个处理步骤：一是查词典；二是语法分析。

（1）查词典

通过查词典，找出词或词组的译文代码和语法信息，为以后的语法分析与译文输出提供条件。机器翻译中的词典按其任务的不同可分为以下几种。

综合词典：它是机器所能翻译的文献的词汇大全，包括原文词及其语法特征（如词类）、语义特征和译文代码，以及对其中某些词进一步加工的指示信息。例如，在一般的词典中查找"我"这个词，会体现出词类是"名词"，用法是做"主语或宾语"等。

成语词典：为了提高翻译速度和质量，可以将成语词典与综合词典共同使用。例如，需要翻译"波澜不惊"，如果按照逐字翻译的方式很难体现词语的意境，并且速度较慢，使用成语词典可以一步到位。

同形词典：专门用来区分语句中有语法同形现象的词。例如，"aabb"式词语有勤勤恳恳、兢兢业业等，根据同形现象的查询，可以明确此类词语一般用于强调语境。

结构词典：某些词在语言中与其他词可构成一种可嵌套的固定格式，将这类词定义为分离结构词。根据这种固定搭配关系，可以简便而又切实地找出一些词（尤其是介词）的词义和语法特征，从而减轻语法分析部分的负担。例如，"如果……那么""虽然……但是"等。

多义词典：语言中一词多义的现象很普遍，为了解决多义词问题，必须把源语的各个词划分为一定的类属组。例如，"厉害"有时候表示一个人的优秀程度，有时候表示事情的严重程度。机器翻译的时候，在多义词典中预置好这一多义现象，有助于加快翻译的速度和提高翻译的精准度。

通过查词典，原文句中的词在语法类别上便可成为单功能的词，在词义上成为单义词（某些介词和连词除外），从而给下一步语法分析创造有利条件。

（2）语法分析

经过词典加工之后，就进入了对输入句的语法分析阶段。语法分析的任务是进一步明确某些词的形态特征，切分句，找出词与词之间在句法上的联系，同时得出语言的中介成分，为下一步译文综合做好充分准备。

通过英汉语对比研究发现，翻译英语句子时除了要翻译其中各个词的意义，还需要完成调整词序和一些形态成分的工作。为了调整词序，必须弄清需要调整什么，即找出要调整的对象。根据分析，英语句子一般可以分为动词词组、名词词组、介词词组、形容词词组、分词词组、不定式词组、副词词组等。正是这些词组承担着各种句法功能，如谓语、主语、宾语、定语、状语等，除谓语外，它们都可以作为调整的对象。

3．译文综合

译文综合比较简单，事实上它的一部分工作（如该调整哪些成分和调整到什么地方）在上一阶段已经完成，这一阶段的任务主要是把应该移位的成分调动一下。除此之外，译文综合阶段还有一个重要的任务就是"润色"，早期的机器翻译之所以生硬，是因为译文综合部分缺少了"润色"功能。例如，"我在学校"这一句汉语，如果采用查字典逐字翻译的方式，翻译出来是"I at school"，但这是一个病句，因为句子中没有谓语动词。正确的写法应该是"I'm at school"，这是译文综合中较为重要的功能。

4. 译文朗读

将翻译完成之后的内容朗读输出呈现给用户，语音翻译才算真正完成。与语音输入类似，机器只能够识别二进制码，在机器内部完成的翻译的体现形式也是二进制码，译文朗读阶段只需要将译文的二进制码转换成目标语言的声音信号，即可形成人类可理解的译文朗读。

7.3 项目实施

7.3.1 案例鉴赏：智能客服机器人

"您好，欢迎致电××，我是语音助手××，请直接说出您要办理的业务。"拨打部分银行客服电话、运营商客服电话时，经常会听到这样的提示。当前，智能客服机器人已成为不少客服中心的"标配"。近年来，受互联网金融冲击、净利润增速趋缓等因素的影响，很多企业面临着服务质量及用工成本的双重挑战。为了改善服务质量，降低营业成本，各企业纷纷布局人工智能应用领域。智能客服机器人的工作原理分解一下，大概是个什么样子的呢？

智能客服机器人的工作原理主要是在人机对话过程中模拟人工客服的听、说、理解和决策这4项能力。首先，用户说了一句话，智能客服机器人会先听是什么，把用户的话通过语音识别转化成文本。第二个环节是理解客户话语的意图，实际上，这一段文本转化成意图之后，计算机才能去处理这个意图节点相关的数据标签。最关键的环节叫作决策，怎么去响应用户，是用问句还是用回答，或是用其他内容，这是一个决策的过程。决策完之后，就会用到自然语言生成技术，生成一段对应的话术。最后一个环节，把话术通过语音合成技术形成一个声音信号播放给用户听。整个听、说、理解和决策这4项工作需要在几百毫秒以内完成，这样用户才有及时对话的响应，才没有卡顿的现象。

7.3.2 训练实操：同声翻译 APP 与"讯飞星火"语音交互应用

1. "腾讯翻译君"同声翻译应用

在很多需要与外籍人员接触的场合，语言不通往往让人十分苦恼。这个时候不用担心，选择合适的同声传译 APP 足以让人们从容应对多种外语的同声传译需求。

目前，各大软件市场已有多种具备同声传译功能的 APP，其使用过程是，先选择需要进行同声传译的语种（可以是英语、法语、德语等），然后在 APP 的提示下用母语说出需要翻译的话，稍等片刻后，翻译好的文字就会呈现在屏幕上，同时这段文字会以语音的形式进行播报。

下面以"腾讯翻译君"同声翻译软件为例进行同声翻译软件的实操训练。

步骤一：进入应用市场下载安装同声翻译软件，界面如图 7-22 所示。

步骤二：打开 APP，并赋予必要的使用权限。从界面下方往上滑动，进入同声传译界面，如图 7-23 所示。

步骤三：打开译文朗读功能，直接对着手机说话即可完成同声传译。外宾服务背景同声传译效果如图 7-24 所示。

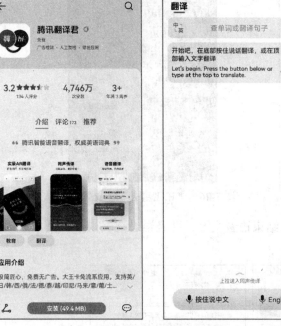

图 7-22　APP 安装　　图 7-23　进入同声传译界面 图 7-24　外宾服务背景同声传译效果

2. "讯飞星火"语音交互应用

"讯飞星火"APP 是科大讯飞推出的新一代认知智能大模型，拥有跨领域的知识和语言理解能力，能够基于自然对话方式理解与执行任务。在与人自然对话互动中，提供语言理解、知识问答、逻辑推理、数学题解答、代码理解与编写等多种能力。

下面是"讯飞星火"APP 语音交互操作步骤。

步骤一：在应用市场下载"讯飞星火"并安装，打开"讯飞星火"APP，如图 7-25 所示。

步骤二：选择"语音通话"（见图 7-25），允许"讯飞星火"获取此设备的模糊位置，允许"讯飞星火"录制音频，现在可以开始对话，如图 7-26 所示。

步骤三：输入语音"现在的大模型中，哪一种大模型语音交互功能最强？"智能系统能听清问题，并给出语音回答。但是当输入的语音指令不清晰、不明确时，智能系统给出的答案就会不太准确；而且同样的问题，智能系统在不同时期给出的答案会有差异，和人类语音交互相比还是有一定差距的。

图 7-25 "讯飞星火"首页　　　图 7-26 "讯飞星火"语音交互状态

步骤四：点击"中断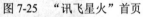"按钮，结束语音交互，并且语音交互内容以文本形式呈现给用户，如图 7-27 所示。

图 7-27 以文本形式呈现的语音交互内容

3. "讯飞星火"短视频脚本编写

步骤一：在"讯飞星火"首页（见图 7-25），点击左上角的"<"返回按钮，选择"短视频脚本助手"，如图 7-28 所示。

步骤二：在对话框中输入提示词："大语言模型、定义、原理、应用场景"，即可生成短视频脚本，如图 7-29 所示。生成的视频脚本可以作为参考，不建议原封不动照搬、照抄。

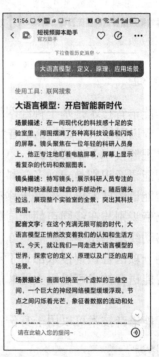

图 7-28　选择"短视频脚本助手"　　　　图 7-29　生成的短视频脚本示例

思政苑

智能语音说方言，听取乡情一片

"少小离家老大回，乡音无改鬓毛衰。"方言传递一方乡音，不仅是地域风物的承载，更体现着中华传统文化的赓续。方言在于交流，方言的根基是普通老百姓的使用。可是，随着城镇化进程的推进和网络传播的迅速发展，方言在年轻人文化圈层中的声音渐淡。以吴语为例，吴语源远流长，说吴语的地区包括我国江苏南部、上海、浙江大部分地区、安徽南部、江西东北部、福建西北部、香港、台湾，以及日本九州岛、美国旧金山等地。今日的吴语发音者稀缺，加上吴语方言地区分布广、地域差别大，所谓"十里不同音"，这些都为收集方言带来了难度。

让智能语音说出流利普通话已经很难，更别提要合成有着 28 个声母、49 个韵母、8 个声调的吴语了。为了让人工智能说一口流利的吴语，保护这一历史悠久的方言文化，讯飞语音技术团队攻关 3 年，最终人工智能吴语诞生了。目前，该技术已应用于方言保护公益短片《姑苏琐记》的配音工作中。利用人工智能通过语音赋能方言传承，不仅希望乡音能够激发乡情，唤起乡音记忆，也希望更多年轻人用实际行动参与方言保护。

讨论与思考

1. 判断题

（1）智能语音技术是基于神经网络的。 （ ）

（2）语音识别技术主要包括语音特征提取技术、声学模型与模式匹配技术以及语音模型与语义理解技术 3 个部分。 （ ）

（3）智能语音识别是一项多学科交叉的前沿技术。 （ ）

（4）智能语音技术可以部署于移动终端和云端服务器。 （ ）

（5）语音识别与在线同声翻译同属智能语音技术范畴。 （ ）

（6）移动终端特指手机。 （ ）

（7）同一项语音识别技术部署于不同行业需要进行不同的调整和设置。 （ ）

（8）智能语音技术可以极大地解放生产力，实现一定程度上的办公自动化。

（ ）

（9）智能语音技术可以用于身份识别。 （ ）

2. 选择题

（1）目前，主流的智能语音技术是基于（ ）的模式识别。

    A. 理性   B. 个性   C. 统计

（2）识别是指一个专用的搜索数据库在获得前端数值后，对（ ）、语音模型、字典进行相似度匹配。

    A. 声学模型   B. 数学模型   C. 想象模型

（3）（ ）不是智能语音技术的组成部分。

    A. 前端处理   B. 后端处理   C. 性能处理

项目 8

畅想人工智能的未来

学习指导

学习目标 ☞

- 了解 ChatGPT；
- 了解 ChatGPT 的暴发与人工智能三大核心要素；
- 了解人工智能三大核心要素未来的发展趋势；
- 了解中国人工智能发展的"三步走"战略；
- 了解"三步走"战略背景下的中国人工智能发展成就和未来展望；
- 畅想未来在人工智能时代背景下的生活；
- 体验 ChatGPT，使用 Deep Seek 进行职业规划；
- 通过对比 DeepSeek、GPT-4o 和 Llama 3 的训练成本，使学生认识到：持续创新是推动技术进步的关键；
- 通过"人工智能修复敦煌壁画"案例，引导学生积极探索人工智能应用新场景，培育科学探索与创新精神。

8.1 项目描述

人工智能的优点主要体现在 3 个方面：一是提高效率；二是消除人为错误；三是提供更智能的科技。人工智能以不可逆转的迅猛之势进入人们的生活中，人们可以时刻感受到人工智能带来的便利，深刻感受到人工智能的影响。

什么是 ChatGPT

2022 年底，由人工智能实验室 OpenAI 发布的对话式大型语言模型 ChatGPT 在国内外各大媒体平台掀起了一阵狂热之风。它可以执行撰写邮件、视频脚本、文案、论文，翻译，编写代码等任务，短短几天时间，其用户量就到达百万级。

ChatGPT 是一款基于自然语言处理技术的人工智能机器人，可以进行人机对话和智能问答，可广泛应用于教育、金融、医疗、娱乐等领域，它可以实现语言的自然处理和理解，大大提高了人机交互效率，提升了体验感。作为一款变革性的人工智能产品，ChatGPT 带来了巨大的商业机遇，在教育领域可以为学生提供智能辅导和学习，帮助学生更好地掌握知识；在金融领域可以为客户提供智能咨询和投资建议，帮助客户做出更明智的投资决策；在医疗领域可以为医生提供智能辅助和病例分析，为医疗工作提供更为高效和准确的支持；在娱乐领域可以为用户提供智能推荐和娱乐活动，如智能聊天、游戏陪玩、音乐推荐等，从而提高用户的满意度和忠诚度。

继 OpenAI 发布 ChatGPT 之后，百度、阿里云、科大讯飞、腾讯等公司相继部署了国内版 ChatGPT，如百度公司的"文心一言"、阿里云的"通义千问"、科大讯飞的"讯飞星火认知大模型"、腾讯的"混元大模型"、Deep Seek（深度求索）的 DeepSeek-R1 等。

最早的聊天机器人 ELIZA 是 1966 诞生的，聊天机器人发展至今已经近 60 年，在 2022 底到 2023 初呈现暴发式突破。目前，ChatGPT 的使用范围正在不断扩大。据多伦多大学的一项国际调查显示，有 63%的受访者知道 ChatGPT，其中大约一半的人每周至少使用一次 ChatGPT。

随着人工智能技术的不断进步，ChatGPT、Deep Seek 等大模型展现出无限潜力，催生了诸如人形机器人、AI 音频智能眼镜、AI 语音翻译智能眼镜、AI 手机、AI 电脑、AI 汽车等一系列智能化产品，这些创新成果的实现，无不依赖于复杂的模型设计、海量的数据支撑以及高强度的计算能力。在未来 10 年，人工智能技术将会给社会和经济带来深刻的影响，它将会改变传统的产业结构和就业方式，一些传统的就业岗位会被淘汰（如客服、银行柜员、翻译、记者等），也会创造出一些新的就业机会和商业机遇，如 AI 提示工程师、AI 技术支持工程师、AI 数据分析师、AI 数据标注员、AI 产品经理、深度学习算法工程师、机器学习工程师、计算机视觉工程师、AI 软件工程师等。工作状态的人形机器人如图 8-1 所示。

在这个过程中，拥有人工智能技术经验的人将会成为社会的宝贵资源，必将在各个领域发挥重要的作用。

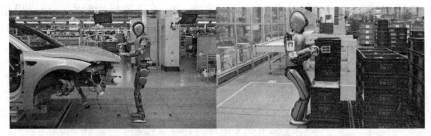

图 8-1 工作状态的人形机器人

本项目将以人工智能三大核心要素的未来发展趋势为切入点，重点介绍中国在人工智能领域取得的成就并展望人工智能的未来。

8.2 知识准备

8.2.1 人工智能三大核心要素的发展趋势

人工智能是通过算法、算力和数据来解决各种问题的。算法是人工智能的核心，决定了人工智能的性能和效率，是人工智能模型的"大脑"；算力则是人工智能完成任务的能力，与算法共同决定了人工智能的速度，是人工智能模型的"发动机"；数据则是一切人工智能的基础，为人工智能提供了丰富的信息和支持，是人工智能模型的"汽油"。

人工智能三大核心要素

数据、算法和算力构成人工智能的三大核心要素，如图 8-2 所示，这三者是推动人工智能技术持续发展的源动力，缺一不可。

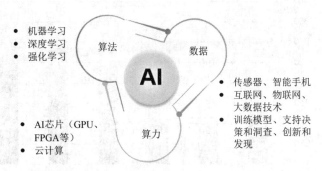

图 8-2 人工智能三大核心要素

1. 数据的未来

数据（data）是对客观事实的描述，或是人们通过观察、实验或计算得出的结果，是信息的表现形式和载体。数据的类型有多种，如数字、文字、符号、图像、语音、视频等，其中数字是大家最熟悉的，如图 8-3 所示。数据可以是连续的值，比如声音、图像，称为模拟数据；也可以是离散的，如符号、文字，称为数字数据。数据的来源多种多样，如传感器数据、自动驾驶数据、录入数据、电子商务行为数据、智能摄相机图像数据等。

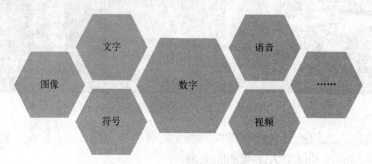

图 8-3　数据的主要类型

　　数据是人工智能的训练基础，是人工智能学习和优化的前提。数据对于人工智能的应用有着重要的作用。首先，数据是人工智能训练的基础，没有足够的数据，人工智能就无法进行有效的训练和学习。其次，数据的校正和优化可以提高人工智能预测和分类的准确率。最后，数据可以促进人工智能的创新，通过不断积累和更新数据，可以促进人工智能的技术进步和应用拓展。

　　目前，人工智能领域数据管理的发展趋势可以总结为：数量持续增长，以云端集中存储为主，公有云渗透率持续增长。目前，世界互联网用户的基数已达到十亿量级，随着物联网、5G 技术的进一步发展，会带来更多数据源和传输层面的能力提升，数据的总量将继续快速增长。参考 IDC 的数据报告，全球 2024 年生成 159.2ZB（十万亿亿字节）数据，到 2028 年将增加一倍以上，达到 384.6ZB，复合增长率为 24.4%，2023～2028 年中国、北美及全球其他地区数据增长预测如图 8-4 所示。

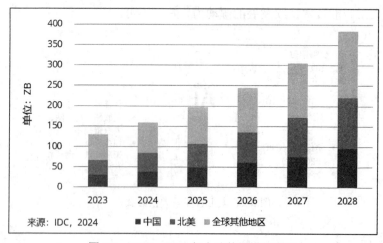

图 8-4　2023～2028 年全球数据增长预测

　　根据中商产业研究院分析师预测，随着 AI 原生带来的云计算技术革新以及大模型规模化应用落地，我国云计算产业发展将迎来新一轮的增长，预计到 2027 年我国云计算市场规模将超过 2.1 万亿元。中国云计算市场规模预测趋势如图 8-5 所示。

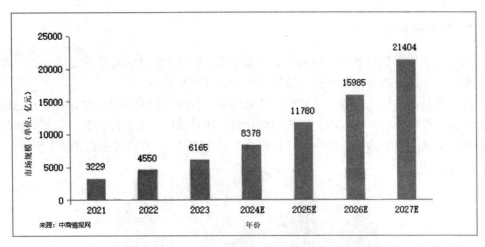

图 8-5　2021～2027 年中国云计算市场规模预测趋势

在人工智能领域，数据的应用方式不仅需要利用原始数据，还需要利用标注数据。数据标注是数据加工人员借助标记工具，对人工智能学习训练的数据进行加工的一种行为。通常数据标注的类型包括图像标注、语音标注、文本标注、视频标注等。标注的基本形式有标注画框、3D 画框、文本转录、图像打点、目标物体轮廓线等。数据标注的方法可分为自动标注、半自动标注和人工标注 3 个类别。

2021～2024 年我国数据标注市场规模已由 43.3 亿元增长至 77.3 亿元，在政策推动下，我国数据标注市场规模将进一步增长，预计至 2027 年将超过 150 亿元，至 2029 年将超过 200 亿元。2021～2029 年我国数据标注市场规模、增速及预测如图 8-6 所示。

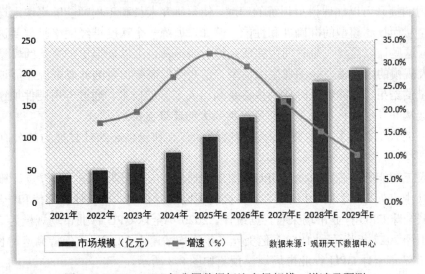

图 8-6　2021～2029 年我国数据标注市场规模、增速及预测

通过上述分析可知，数据量本身不会限制人工智能技术发展，但是人工标注数据的成本与规模很可能成为限制人工智能技术发展的因素，这将倒逼人工智能从算法和算力方面有所突破，以便有效解决对数据特别是人工标注数据的依赖。

2. 算力的未来

算力，从字面意思理解，就是"计算能力"，是指计算机的运算速度或计算速度。它是衡量一个国家或地区数字经济发展水平的重要指标。

随着社会从信息化向数字化转型，越来越多的行业进行数字化升级，对算力的需求日益旺盛。这些需求不仅包括传统的通用计算，还包括以人工智能计算（智算）和高性能科学计算（超算）为代表的新兴计算需求。算力与 AI 算力的关系如图 8-7 所示。

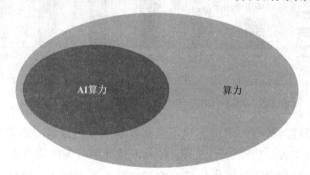

图 8-7　算力与 AI 算力的关系

算力可以影响人工智能系统的训练和推理速度，通常用于执行复杂的计算任务，如训练深度神经网络模型。算力可以决定能够在多长时间内完成训练任务。算力越强，就可以在更短的时间内完成训练，从而更快地得到模型的结果。算力还可以影响能够处理的数据量大小，算力越强，就可以处理更大规模的数据，从而得到更准确的模型。

算力的提升可以加速模型训练的速度，使得研究人员和工程师能够更快地迭代和优化模型，从而提高模型的准确性和性能。例如，训练一个深度神经网络时需要进行大量的计算，这些计算需要在短时间内完成；算力的提升也可以使得更加复杂的模型得以实现，如大规模的语言模型和图像生成模型，这些模型需要大量的计算资源才能训练和生成高质量的结果。智能计算时代的核心是利用人工智能技术，通过专用硬件加速、分布式计算架构和算法优化，为复杂任务提供强大的计算支持。

目前的人工智能算力主要由人工智能硬件芯片和提供超级计算能力的公有云计算服务来支撑。

在人工智能硬件芯片方面，GPU（图形处理器）应用最为广泛，其浮点计算的能力是 CPU（中央处理器）的 10 倍左右，并拥有更高的并行度、单机计算峰值和计算效率。

根据全球 GPU 行业市场来看，据统计，2020 年全球 GPU 行业市场规模为 254.1 亿美元，预计 2027 年将达到 1853.1 亿美元，年平均增速为 32.82%，保持高速增长状态。2020～2027 年全球 GPU 行业市场规模预测如图 8-8 所示。

GPU 未来主要有两大应用发展方向。从需求端考虑，GPU 的优势在于并行计算，需要大规模使用并行计算的领域就是未来 GPU 的发展方向。

1）更加逼真的图形显现。图形显现是 GPU 芯片最初的功能，随着视觉科技和虚拟现实技术的发展，更加真实的图形显现效果会对 GPU 的并行计算能力提出更高的要求。

因此，图形显现是 GPU 芯片未来重要的发展方向之一。

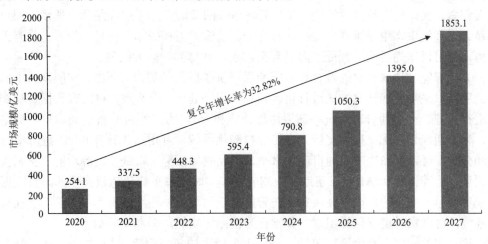

图 8-8　2020～2027 年全球 GPU 行业市场规模情况

2）高性能计算。高性能计算主要包括通用计算和人工智能计算。通用计算就是用 GPU 来处理一些原本 CPU 可以处理、但是更适合拥有强大浮点计算能力的 GPU 处理的运算，比如人脸识别等。人工智能计算是另一种高性能计算，不同于用于传统的基于流处理器的 GPU，用于人工智能计算的 GPU 在大多数情况下浮点计算精度要求较低，但对计算吞吐量要求较高。

在云计算服务方面，将 GPU 和 FPGA 的计算能力部署在云端，可以提供每秒超 10 万亿次的运算速度，其计算能力堪比超级计算机。GPU 云服务器结构示例如图 8-9 所示。

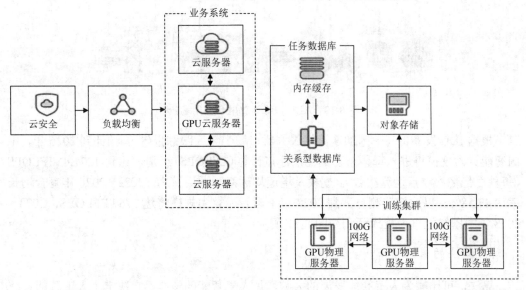

图 8-9　GPU 云服务器结构示例

随着全球智能化、数据化的迅速发展，带来了数据的指数级增长，大量的数据在边缘端积累，预计随着数据量的进一步提升，单一的云端算力无法满足所有需求，而边缘端是人工智能生态中最重要的组成部分之一。边缘算力在成本、时延、隐私上具有天然优势，也可以作为桥梁，预处理海量复杂需求，并将其导向大模型。

人工智能与边缘计算的融合为智能应用提供了巨大的潜力。例如，智能家居中的语音助手可以采用边缘计算方式进行语音识别和指令处理，而不需要将所有数据传输到云端进行处理。在交通管理系统中部署边缘计算和 AI，可以实时分析交通流量、拥堵状况，为交通规划和优化提供支持。在工业自动化领域，利用边缘计算和 AI 进行实时监测和分析，可以提高生产线的自动化水平，实现故障预警、质量控制等功能。在无人驾驶领域，边缘计算和 AI 可以帮助无人驾驶汽车实时处理车载传感器产生的海量数据，实现更快速、安全的自动驾驶决策。在智能监控领域，将边缘计算和 AI 应用于视频监控系统，可以实时进行目标识别、异常行为检测等功能，提高安防效率。

这一切都标志着算力开始流动，遍布于云管端的各个角落。AI 与边缘计算融合应用场景如图 8-10 所示。

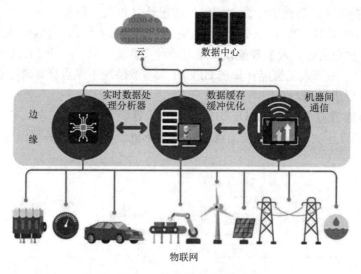

图 8-10 AI 与边缘计算融合应用场景

根据 IDC 发布的《中国加速计算服务器市场半年度跟踪报告》，预计到 2026 年，中国智能算力规模将进入每秒十万亿亿次浮点计算(ZFLOPS)级别，达到 1271.4 EFLOPS (每秒百亿亿次浮点运算次数)，规模及增速均远高于通用算力，2022～2026 年复合增长率达 47.58%。以此增速测算，到 2028 年中国智能算力规模将达 2769 EFLOPS，2023～2028 年中国智能算力规模预测如图 8-11 所示。

3. 算法的未来

算法，可比喻为人工智能发展的大脑，是人工智能的核心，它决定了人工智能系统如何从数据中学习、推理和决策。无论是简单的规则引擎，还是复杂的深度学习模型，算法都是实现人工智能功能的关键。

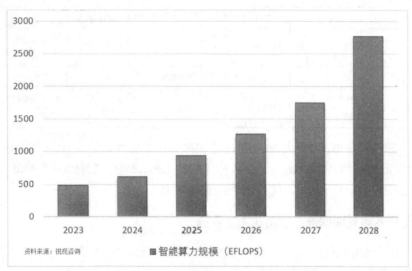

图 8-11　2023～2028 年中国智能算力规模预测（单位：EFLOPS）

　　人工智能算法可以分为机器学习算法和深度学习算法两大类。机器学习算法通过对大量数据的学习和训练，自动找到数据中的规律和模式，从而利用获得的规律和模式实现对未知数据的分析和预测。深度学习算法是在机器学习算法的基础上，通过构建多层神经网络，对数据进行更加深入的学习和分析，实现对数据的高效处理和分析。深度学习需要海量的数据和强大的算力，才能训练多达几千层的神经网络。近年来，深度学习的发展达到了高潮，但是此路径发展带来的算力需求问题恐将较难持续。

　　根据 OpenAI 的测算，从 2012 年开始，训练大型 AI 模型的算力需求年均增长率约为 11.5 倍，而算力提升量的年均增长率只有 1.4 倍。这意味着，随着模型规模的不断扩大，算力需求的增长速度远远超过了硬件性能的提升速度。例如，GPT-3 模型的参数量达到了 1750 亿，训练这样的模型需要海量的计算资源。尽管算力需求增长迅猛，但算法效率的进步也在一定程度上缓解了这一问题。通过优化算法结构、改进训练方法等手段，算法效率每年可以节省约 1.7 倍的算力。例如，Transformer 架构的出现极大地提高了自然语言处理任务的效率。

　　即便如此，每年平均仍有约 8.4 倍的算力需求赤字。这意味着，如果继续沿着当前的路径发展，算力将成为人工智能发展的主要瓶颈。

　　在数据和算力红利逐渐消退的背景下，算法层面的突破与创新将成为人工智能未来发展的核心驱动力。

　　DeepSeek 凭借技术创新和优化算法，在性能和成本上超越了国外大模型。其对话版本 DeepSeek-V3 在多项基准测试中性能与 GPT-4o 和 Claude-3.5-Sonnet 相当，且成本仅为微软同类产品的 1/5，实现了 90% 的性能。DeepSeek-V3、GPT-4o 和 Llama-3.1 405B 的训练成本对比如表 8-1 所示。

表8-1　DeepSeek-V3、GPT-4o和Llama-3.1 405B的训练成本对比

模型名称	训练成本/美元	GPU 小时数	GPU 数量/个	GPU 型号	备注
DeepSeek-V3	557.6 万	278.8 万	2048	H800	使用混合专家架构,训练成本高
GPT-4o	约 1 亿	未明确	约 8000	H100	训练成本高,参数规模大
Llama-3.1 405B	约 5800 万（预训练）	2073.6 万	16000	H100	预训练阶段成本,总成本更高

从表 8-1 可以看出,DeepSeek-V3 通过优化算法和硬件协同设计,大幅降低了训练成本;GPT-4o 的训练成本较高,主要依赖大规模 GPU 集群;Llama-3.1 405B 的预训练阶段成本已接近 6000 万美元,完整的训练成本更高。

8.2.2　中国人工智能发展的"三步走"战略

2017 年,国务院印发《新一代人工智能发展规划》,提出了面向 2030 年的我国新一代人工智能发展的指导思想、战略目标、重点任务和保障措施,目标是构筑我国人工智能发展的先发优势,加快建设创新型国家和世界科技强国。

中国人工智能发展的
"三步走"战略

该规划是我国在人工智能领域发布的第一个涉及系统战略部署的文件,是从政府层面对人工智能发展进行的整体部署,是我国人工智能发展中的重要里程碑。按照此规划,我国人工智能发展战略目标分为三步走。"三步走"战略为我国人工智能发展提供了重要的政策指导,如图 8-12 所示。

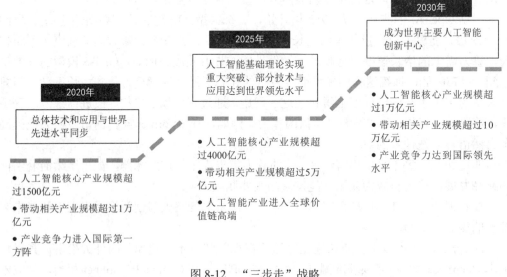

图 8-12　"三步走"战略

第一步,到 2020 年我国人工智能总体技术和应用能够与世界先进水平同步,人工智能产业成为新的重要经济增长点,人工智能技术应用成为改善民生的新途径,有力支撑我国进入创新型国家行列和实现全面建成小康社会的奋斗目标。具体包括以下 3 点:

1）新一代人工智能理论和技术取得重要进展。

2）人工智能产业竞争力进入国际第一方阵。

3）人工智能发展环境进一步优化，在重点领域全面展开创新应用，聚集起一批高水平的人才队伍和创新团队，部分领域的人工智能伦理规范和政策法规初步建立。

第二步，到 2025 年我国人工智能基础理论实现重大突破，部分技术与应用达到世界领先水平，人工智能成为带动我国产业升级和经济转型的主要动力，智能社会建设取得积极进展。具体包括以下 3 点：

1）新一代人工智能理论与技术体系初步建立。

2）人工智能产业进入全球价值链高端。

3）初步建立人工智能法律法规、伦理规范和政策体系，增强人工智能安全评估和管控能力。

第三步，到 2030 年我国人工智能理论、技术与应用总体达到世界领先水平，成为世界主要人工智能创新中心，智能经济、智能社会取得明显成效，为跻身创新型国家前列和经济强国奠定重要基础。具体包括以下 3 点：

1）形成较为成熟的新一代人工智能理论与技术体系。

2）人工智能产业竞争力达到国际领先水平。

3）形成一批全球领先的人工智能科技创新和人才培养基地，建成更加完善的人工智能法律法规、伦理规范和政策体系。

整体来说，我国把人工智能的发展置于重要位置，根据科技发展的前沿趋势，努力推动人工智能的战略部署；并从人工智能基础、政策法规、伦理道德、安全性等各个方面进行积极探索，形成具有世界影响力的产业链。《新一代人工智能发展规划》主要针对人才和核心技术两个方面做了专门的规划和部署。只有培养高端的科技人才，把握核心技术，中国的人工智能才能达到世界领先水平。

8.2.3 "三步走"战略背景下的中国人工智能发展

"三步走"战略背景下的
中国人工智能发展

1. 中国在人工智能专利申请领域数量领先、增长迅速

（1）中国 AI 专利申请量持续领先

1）生成式 AI 专利申请量：据世界知识产权组织（WIPO）2024 年 7 月发布的《生成式人工智能专利态势报告》，2014~2023 年，中国提交的生成式 AI 专利申请量超过 3.8 万件，占全球总量的约 70%，远超排名第二的美国。

2）AI 专利申请量整体情况：中国信息通信研究院 2024 年 2 月发布的《全球数字经济白皮书（2023 年）》显示，2013 年至 2023 年第三季度，全球 AI 专利申请量累计达 129 万件，中国 AI 专利申请量占全球 64%，位列全球第一。

3）新增 AI 专利申请量：中国 AI 专利申请量保持高速增长，每年新增申请量持续攀升，进一步巩固了其在全球 AI 专利领域的领先地位。

（2）专利授权量情况

斯坦福大学 2024 年 4 月发布的《2024 年人工智能指数报告》指出，2022 年中国

AI 专利授权量占比达到 61.1%，显著高于其他国家。

2. 中国在人工智能研究领域获得了巨大投资，发展势头强劲

IDC 预计，到 2027 年，全球在人工智能领域的总投资规模将达到 4236 亿美元，2022～2027 年的复合年增长率（CAGR）为 26.9%。这一增长主要得益于人工智能技术在各行业的广泛应用和融合，以及企业对数字化转型的需求。

在中国，AI 投资规模也在快速扩张。IDC 预计，到 2027 年，中国在 AI 领域的投资规模将达到 381 亿美元，占全球总投资的近 9%。这一比例显示出中国在全球 AI 投资中的重要地位，尽管与美国相比，整体研发投入强度仍有所不及。

3. 中国在机器人领域大放异彩

截至 2024 年 7 月，中国持有的机器人相关有效专利超过 19 万项，占全球约 2/3，覆盖多源信息融合感知、人机交互、减速器、控制器、伺服系统等关键领域。中国连续 11 年为全球最大工业机器人市场，近 3 年新增装机量占全球超一半。2024 年 1～11 月，工业机器人产量达 48.39 万台，同比增长 11%；服务机器人产量同比增长 17%。在人形机器人领域，中国企业占据重要地位，据摩根士丹利报告显示，全球人形机器人相关企业中，有 73% 来自亚洲，其中超半数来自中国。截至 2023 年 5 月 31 日，中国的人形机器人专利申请数（6618 件）和有效专利数（3110 件）均居全球第一。

（1）应用领域突破

特种机器人：中信重工开诚智能装备有限公司、浙江国自机器人技术股份有限公司等企业开发的消防机器人已广泛应用于全国消防部门；中国自主研发的"海斗一号"（见图 8-13）和"潜龙三号"（见图 8-14）深海机器人成功完成多次深海探测任务。

图 8-13　海斗一号　　　　　　　　　　图 8-14　潜龙三号

农业机器人：极飞科技、大疆等企业开发的农业无人机和智能农机广泛应用于农田管理。

医疗机器人：微创手术机器人等技术不断成熟，预计 2025 年市场规模达 221 亿元。

（2）国际影响力

中国机器人产品凭借优越的性能和实惠的价格，在国际市场上展现出更强的竞争力，技术创新不断推动产品性价比的提升。同时，国际合作也在不断深化，如节卡机器人与法国施耐德电气达成战略合作伙伴关系。

4. 中国正在快速推进新一代人工智能在融合创新领域的应用

2020年，由中国电子学会、中国数字经济百人会、商汤智能产业研究院联合编制的《新一代人工智能白皮书（2020年）——产业智能化升级》（以下简称《白皮书》）发布，从技术能力指标、产业领域渗透、创新能力指标和可持续发展指标4大方面对我国新一代人工智能发展进行了评估，并就我国产业智能化升级程度按百分制进行了打分，如图8-15所示。

《白皮书》指出，在面向下一代的人工智能升级中，我国产业智能化升级总指数得分为48.7，其中5G及移动互联网普及率、技术专利总数量、政策支持力度指标表现突出并持续呈现增长态势，带动技术能力指标、创新能力指标及可持续发展指标对我国产业智能化升级总指数的贡献率分别达到25%、26%和35%。

	一级指标	权重打分	二级指标	权重打分	指标得分	总指数得分	贡献率
我国产业智能化升级指标体系	技术能力指标	34.2%	5G及移动互联网普及率	12.1%	78	48.7	25%
			行业大数据平台数量	10.4%	22		
			云计算平台使用率	11.7%	47		
	产业领域渗透	31.7%	新一代人工智能企业总数量	10.2%	13.6		14%
			技术赋能数量级和效应	13%	22.8		
			智能化设备普及数量	8.5%	47.2		
	创新能力指标	22.6%	技术专利总数量	4.8%	67		26%
			发表论文总数量	3%	53		
			新一代人工智能人才数量	14.8%	32		
	可持续发展指标	11.5%	政策支持力度	4.5%	87		35%
			专项资金数量	4.2%	66		
			投资机构总数量	2.8%	49		

图8-15　我国产业智能化升级指标体系

2021年12月发布的《"十四五"数字经济发展规划》，旨在推动数字经济与实体经济深度融合，赋能传统产业转型升级。核心目标是到2025年，数字经济核心产业增加值占GDP比重达到10%。

据《中国互联网发展报告2024》数据显示，我国已建成近万家数字化车间和智能工厂，培育421家国家级智能制造示范工厂，90%以上的示范工厂应用了人工智能、数字孪生等技术，人工智能与制造业实现深度融合。例如，TCL实业通过AI技术改造工厂中的高能耗设备，实现能源管理优化。

2024年12月，中央经济工作会议确定了2025年的九大重点任务，其中第二点提到要开展"人工智能+"行动，培育未来产业。会议还表示，要积极运用数字技术、绿色技术改造提升传统产业。

5. 人工智能产业化发展稳步推进

中国人工智能产业可分为3个层次，如图8-16所示。

1）基础层，主要功能是为上层提供算力和数据输入支持。

2) 技术层,利用海量数据在软件平台上进行算法的训练和推理。

3) 应用层,应用层的产品直接面对终端消费者,其中包括人工智能产品、人工智能与传统行业融合的各类系统、解决方案等。

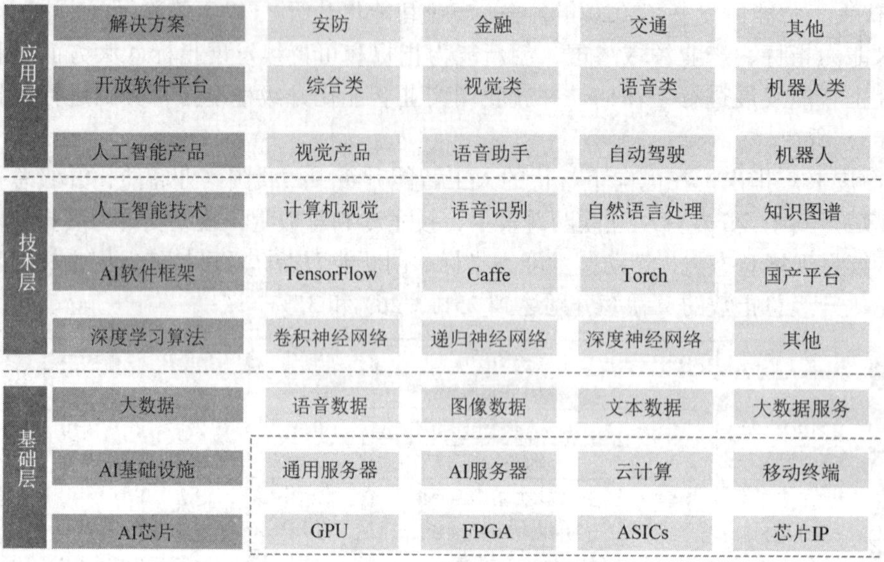

应用层	解决方案	安防	金融	交通	其他
	开放软件平台	综合类	视觉类	语音类	机器人类
	人工智能产品	视觉产品	语音助手	自动驾驶	机器人
技术层	人工智能技术	计算机视觉	语音识别	自然语言处理	知识图谱
	AI软件框架	TensorFlow	Caffe	Torch	国产平台
	深度学习算法	卷积神经网络	递归神经网络	深度神经网络	其他
基础层	大数据	语音数据	图像数据	文本数据	大数据服务
	AI基础设施	通用服务器	AI服务器	云计算	移动终端
	AI芯片	GPU	FPGA	ASICs	芯片IP

图 8-16　中国人工智能产业架构示例

近年来,中国的人工智能产业因为同时受到产业链下游需求和上游技术的双重推动,所以在上述三个层次都有长足发展。未来十年,中国的人工智能产业将会继续保持高速增长的趋势,到 2030 年将有望形成超过万亿规模的产业集群。

8.3　项目实施

8.3.1　案例鉴赏:畅想未来在人工智能时代背景下普通人的一天

起床:智能家居系统会通过比对室内外空气、光照和温湿度等环境监测数据来控制窗帘收起并打开窗户,此时阳光柔和地照在您的脸上;智能健康管理系统将通过语音唤醒您,当您完成洗漱后,会根据您的健康指数列出早餐清单,您可以选择自己烹饪或委托给机器人保姆;吃早饭时,资讯机器人将为您推荐感兴趣的资讯;出门时,机器人保姆会根据大气环境数据和您的健康指数给出着装建议,并根据您的要求来提供。

出行:您可以选择自驾或公共交通方式出行。无人驾驶的城轨车辆、公交车和私家车在智慧交通系统下有序地行驶着,道路上虽然看不到交警,但一点也不拥堵。

工作:进入公司后,考勤系统利用步态识别技术在您走向工作场地时完成打卡;来到工作岗位后,一天的工作任务及进度要求将自动投影到您眼前,您和同事可利用公司提供的智慧运管系统协作完成一天的工作;午餐和晚餐时间,智慧食堂将为您和同事提供丰盛的自助餐点。或许,您选择虚拟现实办公,戴上虚拟现实(VR)头盔或眼镜,瞬间进入一个虚拟的办公空间。在这里，您与世界各地的同事进行实时沟通和协作，通过虚拟白板、手势识别等技术共同完成项目策划和讨论。

健身：完成一天的工作后，您可以选择去健身，而您佩戴的智能手环将根据您当天的工作疲劳度列出锻炼强度建议，在 AI 教练指导下，进行一场定制健身课程，同时智能手环实时监测您的健康情况。

休息：回到家后，智能家居系统已经根据您的习惯自动调整好了室内的温度、湿度和灯光，您可以和家人欢聚一堂，聊聊今天的见闻；睡前，资讯机器人将为您阅读您喜爱的一段文章或者播放一段音乐，陪伴您进入梦乡。智能床垫根据您的睡姿自动调整硬度，智能空调调节室内温度，确保您有一个舒适宁静的睡眠环境。

8.3.2 训练实操：人工智能背景下的伦理讨论与体验 ChatGPT、使用 DeepSeek 进行职业规划

1. 人工智能背景下的伦理讨论

2021 年 11 月，联合国教科文组织发布了首份人工智能伦理问题全球性协议《人工智能伦理问题建议书》，目的是促进人工智能为人类、社会、环境以及生态系统服务，并预防其潜在风险。

考虑到人工智能技术对人类大有助益并惠及所有国家，但也会引发根本性的伦理关切，例如：

1）人工智能技术可能内嵌并加剧偏见，可能导致歧视、不平等、数字鸿沟和排斥，并对文化、社会和生物多样性构成威胁，造成社会或经济鸿沟。

2）算法的工作方式和算法训练数据应该具有透明度和可理解性。

3）人工智能技术对于多方面的潜在影响，包括但不限于人的尊严、人权和基本自由、性别平等、民主、社会、经济、政治和文化进程、科学和工程实践、动物福利以及环境和生态系统。

因此，《人工智能伦理问题建议书》明确规定了人工智能发展应遵循如下原则。

1）相称性和不损害原则。人工智能技术本身并不一定能确保人类、环境和生态系统蓬勃发展，因此应确保落实风险评估程序并采取措施，以防止发生此类损害。

2）安全和安保原则。在人工智能系统的整个生命周期内，应避免并解决、预防和消除意外伤害（安全风险）以及易受攻击的脆弱性（安保风险），确保人类、环境和生态系统的安全和安保。

3）公平和非歧视原则。要采用包容性办法确保人工智能技术的受益人包括不同年龄组、不同文化体系、不同语言群体、残障人士、女童和妇女以及处境不利、边缘化和弱势群体或处境脆弱群体的具体需求，以便让每个人都得到公平待遇。

4）可持续性原则。要保障人工智能技术有利于社会发展的可持续性目标。

5）隐私权和数据保护原则。人工智能系统所用数据的收集、使用、共享、归档和删除方式必须符合国际法，要建立适当的数据保护框架和治理机制，将其置于司法系统保护之下，并在人工智能系统的整个生命周期内予以保障。

6）人类的监督和决定原则。在人工智能系统的全生命周期内始终受到人类的监督。

7）透明度和可解释性原则。在人工智能系统的整个生命周期内都要努力提高系统的透明度和可解释性，以确保人权、基本自由和伦理原则得到尊重、保护和促进。

8）责任和问责原则。要确保人工智能系统的运行可审计和可追溯，人工智能行为者对利用人工智能系统做出的任何决定和行动都应该承担相应的伦理责任和法律责任。

9）认识和素养原则。应通过出政府、政府间组织、民间社会、学术界、媒体共同领导和促进公众对于人工智能技术和数据价值的认识和理解，确保公众的有效参与，让所有社会成员都能够就使用人工智能系统做出知情决定，避免受到不当影响。

全球一系列关于人工智能伦理的准则和指南，对人工智能的技术发展和社会应用将起到重要作用。除了 2021 年联合国教科文组织发布的《人工智能伦理问题建议书》之外，德国 2017 年公布了《自动化和网联化车辆交通伦理准则》，规定当车辆出现问题不可避免要产生碰撞时，在人与动物之间，选择撞向动物；在动物和没有生命的物体之间，选择后者。2021 年，我国科技部国家新一代人工智能治理专业委员会发布了《新一代人工智能伦理规范》，针对人工智能提出了包括透明性和可解释性在内的多项伦理要求；中国国家互联网信息办公室等九部门联合发布的《关于加强互联网信息服务算法综合治理的指导意见》将"透明可释"作为算法应用的基本原则。在人工智能透明度和可解释性的基础上，这些人工智能的伦理问题才有可能被人们所认识、评估和修正。

2. 体验 ChatGPT

目前，ChatGPT 发布了 iOS 版应用，国内用户可以使用 Microsoft Edge 和 Chrome 浏览器的 ChatGPT 智能侧边栏插件 Sider，与 Sider Fusion、GPT-4o mini、DeepSeek-V3 等模型进行免费试用，免费次数有限，仅供大家体验 ChatGPT。

下面以 Microsoft Edge 为例说明 Sider 插件的安装与使用方法。

步骤一：打开 Microsoft Edge 浏览器→设置及其他→扩展，如图 8-17 所示。

图 8-17 Microsoft Edge 浏览器"扩展"功能

步骤二：单击"管理扩展"，如图 8-18 所示，或者选择"打开 Microsoft Edge 扩展网站"。

步骤三：在搜索框中输入"sider"，如图 8-19 所示，单击"搜索"图标。

图 8-18　选择"管理扩展"　　　　　图 8-19　在搜索栏中输入"sider"

步骤四：选择"sider:ChatGPT 侧边栏"，单击"获取"按钮，在打开的对话框中单击"添加扩展"按钮，如图 8-20 所示。

图 8-20　获取"sider:ChatGPT 侧边栏"

步骤五：在浏览器的地址栏右侧单击"设置"按钮，单击"在工具栏显示"按钮，如图 8-21 所示，这时 Sider 图标会出现在工具栏上。

图 8-21　设置在工具栏显示"sider:ChatGPT 侧边栏"

步骤六：在浏览器地址栏右侧，单击 Sider 图标，打开"Sider:ChatGPT 侧边栏"对话框，如图 8-22 所示，可以实现聊天、写作、翻译、OCR、搜索等功能。

步骤七：在对话框右侧工具栏中单击"写作"按钮，在消息框中输入"请写一篇关于南方春节有趣故事的文章"，单击"开始写作"按钮，打开写作对话框，如图 8-23 所示，单击"提交"按钮，生成文章，如图 8-24 所示，在红色框标注处可以选择"复制""重新""朗读"文章。

图 8-22 "Sider:ChatGPT 侧边栏"对话框

图 8-23 输入提示词

步骤八：在右侧工具栏中单击"翻译"或"···"按钮，在输入框中输入"中国南方春节"，单击"立即设置"，再单击"翻译"按钮，如图 8-25 所示。

图 8-24 生成文章

图 8-25 翻译"中国南方春节"

3. 使用 DeepSeek 进行职业规划

下面是使用 DeepSeek APP 进行职业规划的操作步骤。

步骤一：在应用市场下载 DeepSeek 并安装，打开 DeepSeek APP，DeepSeek 可以搜索、答疑、写作等，如图 8-26 所示。

步骤二：点击底部"联网搜索"右侧的"+"按钮，可以打开其他功能选项，如拍照识文字、图片识文字、理解文件内容等，如 8-27 所示，点击"×"按钮，可以折叠其他功能选项。

图 8-26　DeepSeek APP 首页　　　图 8-27　DeepSeek APP 其他功能项

步骤三：在底部对话框（见图 8-26）中输入提示词："人工智能背景下，未来哪些就业岗位会被淘汰，同时会催生出哪些新的岗位，作为高职学生应如何规划我们的职业？"点击"↑"按钮执行搜索，如图 8-28 所示，DeepSeek 会给出一个条理清楚、内容详实的参考意见，如图 8-29 所示。

步骤四：对提示词进行优化，添加"请用简明扼要的语言表达下面语句的内容"，如图 8-30 所示，点击"↑"按钮，这时会返回一个简明扼要的规划参考意见，如图 8-31 所示。由此可以看出，DeepSeek 可以理解用户意图并做出正确的判断，是一个聪明的"大脑"。

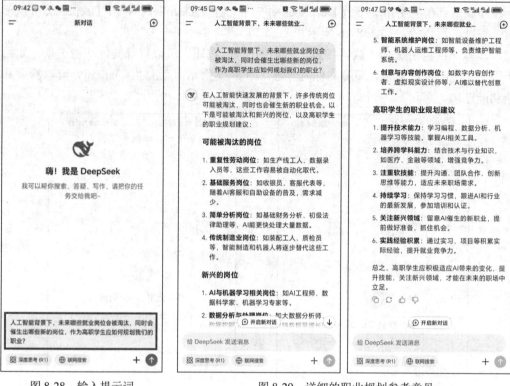

图 8-28　输入提示词　　　　　　　　图 8-29　详细的职业规划参考意见

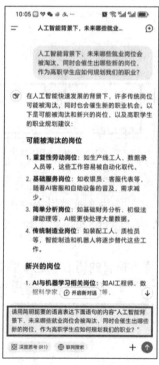

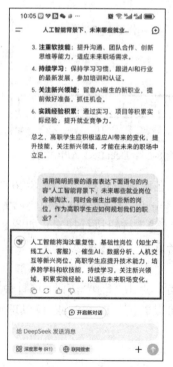

图 8-30　优化提示词　　　　图 8-31　简明扼要的规划参考意见

说明： 点击图 8-30 和图 8-31 底部左下角的 " 深度思考 (R1) " 和 " 联网搜索 " 按钮，系统会激活 DeepSeek-R1 模型的推理引擎，结合实时联网搜索功能，突破传统模型仅依赖预训练数据的限制，可以获取互联网最新信息。

思政苑

利用人工智能修复敦煌壁画，为中华文化的传承保驾护航

敦煌壁画是古代人类文明艺术的结晶，凝聚着世界文明的精髓，蕴含着丰富的历史文化精神，对相关文物进行保护具有十分重要的意义。然而，敦煌石窟在经历千余年的沧桑岁月后，其壁画也受到了不同程度的损坏。"敦煌莫高窟每存在一天，就更接近消失一天"，时间流逝带来的自然褪色、风沙等都会对壁画带来不可逆的伤害。

敦煌壁画现保存了十六国至元代的壁画共 4 万多平方米，人工修复壁画的过程极其繁复庞大，从前期拍摄，到图像处理、导出、CAD 绘图，一个 10 平方米的壁画，按照一个工作人员的工作量计算，大约需要 96 小时才能完成。

利用数字化图像修复技术对敦煌壁画实现虚拟修复保护，是目前图像处理和计算机视觉领域的重要研究热点之一。腾讯通过深度学习敦煌壁画病害数据，形成了一整套自动识别并添加图示的算法，对壁画进行"对症下药"。虽然通过深度学习对壁画进行诊断还处于发展阶段，但在识别壁画残损、颜料脱落上已经有了不错的成效。

在未来，人工智能技术还可能运用到洞内的其他文物上，对这些文物进行数字化的采集与呈现，让人们足不出户就可以"云游敦煌"。当古老壁画遇见新兴科技，它们之间碰撞出的火花就是中华文化迸发的巨大生命力。这也让人们进一步看到了前人未曾达到过的、被重新定义的将来。

讨论与思考

1. 判断题

（1）未来在人工智能领域的研究与应用不会再出现低谷。　　　　　　（　）

（2）我们已经处在强人工智能时代。　　　　　　　　　　　　　　　（　）

（3）数据是让计算机获得智能的钥匙。　　　　　　　　　　　　　　（　）

（4）数据管理的发展趋势可以总结为数量持续增长，以云端集中存储为主，公有云渗透率持续增长。　　　　　　　　　　　　　　　　　　　　　　　（　）

（5）人工标注数据的成本与规模很可能成为限制人工智能技术发展的因素。

（　）

（6）未来数字化基础架构将从传统的云到端部署，演进为云—边—端协同无处不在的新型计算架构。　　　　　　　　　　　　　　　　　　　　　　　（　）

（7）人工智能技术未来发展的核心驱动力将主要依靠算法层面的突破与创新。

（　　）

（8）《新一代人工智能发展规划》是我国在人工智能领域发布的第一个涉及系统战略部署的文件，是我国人工智能发展中的重要里程碑。　　　　　　　　　（　　）

（9）未来在新一代信息技术驱动下，我国人工智能产业预计将形成超过万亿规模的产业集群。　　　　　　　　　　　　　　　　　　　　　　　　　　　（　　）

2. 选择题

（1）人工智能三大核心要素中不包括（　　）。
    A. 算法　　　　　　　　B. 算力　　　　　　　　C. 训练模型

（2）标注数据不包括（　　）类别。
    A. 自动标注　　　　　　B. 特征标注　　　　　　C. 人工标注

（3）每个智能系统背后都有一套强大的硬件或者软件计算系统，即（　　）。
    A. 算法　　　　　　　　B. 算力　　　　　　　　C. 训练模型

（4）人工智能领域应用最广泛的芯片类型是（　　）。
    A. GPU　　　　　　　　B. CPU　　　　　　　　C. FPGA

（5）目前，我国人工智能领域的研究论文引用数居世界（　　）。
    A. 第一　　　　　　　　B. 第二　　　　　　　　C. 第三

（6）目前，我国人工智能领域的投资金额居世界（　　）。
    A. 第一　　　　　　　　B. 第二　　　　　　　　C. 第三

（7）目前，我国产业智能化升级最好的是（　　）。
    A. 农业智能化　　　　　B. 工业智能化　　　　　C. 服务业智能化

参 考 文 献

蔡自兴，2021．机器人学基础[M]．3 版．北京：机械工业出版社．

陈旭，吕小俊，贾志洋，2013．浅谈计算机视觉的发展及应用[J]．科技信息(16)：1．

陈永，陶美风，2021．敦煌壁画数字化修复方法综述[J]．软件导刊，20(5)：237-242．

丁世飞，2011．人工智能[M]．2 版．北京：清华大学出版社．

谷强，汪叔淳，2000．智能制造系统中机器学习的研究[J]．计算机工程与科学，22(1)：59-62．

关景新，姜源，2021．人工智能导论[M]．北京：机械工业出版社．

江丰光，熊博龙，张超，2020．我国人工智能如何实现战略突破：基于中美 4 份人工智能发展报告的比较与解读[J]．现代
　　远程教育研究，32(1)：3-11．

李铮，黄源，蒋文豪，2021．人工智能导论[M]．北京：人民邮电出版社．

刘波，2019．计算机视觉研究综述[J]．数字通信世界(12)：97．

刘辰，2017．国务院印发《新一代人工智能发展规划》：构筑我国人工智能发展先发优势[J]．中国科技产业，(8)：78-79．

罗术通，郝鹏，2020．人工智能与计算机视觉产业发展思路探讨[J]．科技创新导报，(35)：4-6．

莫宏伟，2022．人工智能伦理导论[M]．西安：西安电子科学技术大学出版社．

杉山将，许永伟，2015．图解机器学习：机器学习[M]．北京：人民邮电出版社．

王万良，2016．人工智能及其应用[M]．3 版．北京：高等教育出版社．

威滕，Witten，董琳，等，2006．数据挖掘实用机器学习技术[M]．北京：机械工业出版社．

杨善林，倪志伟，2004．机器学习与智能决策支持系统[M]．北京：科学出版社．

周志华，王珏，2009．机器学习及其应用[M]．北京：清华大学出版社．

朱文博，刘艳林，陶思宇，等，2020．人工智能领域下计算机视觉发展与应用[J]．百科论坛电子杂志(14)：1491．

PeterHarrington，2013．机器学习实战[M]．北京：人民邮电出版社．